孕妈妈 40周营养 配餐

Yunmama 40 zhou Yingyang Peican

指导专家 于菁

《家庭·生活·健康》丛书编委会 编著

中国人口出版社

图书在版编目（CIP）数据

孕妈妈40周营养配餐 /《家庭·生活·健康》丛书编委会编著. – 北京:中国人口出版社，2012.12

（天天食谱）

ISBN 978–7–5101–1470–0

Ⅰ.①孕… Ⅱ.①家… Ⅲ.①孕妇 – 妇幼保健 – 食谱Ⅳ.①TS972.164

中国版本图书馆CIP数据核字（2012）第269106号

孕妈妈40周营养配餐

《家庭·生活·健康》丛书编委会　编著

出版发行	中国人口出版社	
印　　刷	廊坊市兰新雅彩印有限公司	
开　　本	720毫米×960毫米　1/16	
印　　张	15	
字　　数	160千字	
版　　次	2013年4月第1版	
印　　次	2013年4月第1次印刷	
印　　数	1~10000册	
书　　号	ISBN　978–7–5101–1470–0	
定　　价	22.80元	

社　　长	陶庆军
网　　址	www.rkcbs.net
电子信箱	rkcbs@126.com
电　　话	（010）83514662
传　　真	（010）83519401
地　　址	北京市西城区广安门南街80号中加大厦
邮　　编	100054

目录
contents

孕一月

保证优质营养，孕育健康新生命

孕二月　　缓解孕吐的开胃餐

计量单位换算表

1汤匙≈15克≈15毫升

1茶匙≈5克≈5毫升

1小杯≈100毫升

1杯≈200毫升

1碗≈300毫升

适量：略加即可。

少许：依个人的口味，自主确定分量。

孕一月

保证优质营养，孕育健康新生命

第1周 补充气血

《医学入门》中记载："气血充实，则可保十月分娩，子母无虞。"

体质较弱的女性，最好在孕前进补，以增强体质，为怀孕做好充分准备。平时偏食、挑食的女性，要在孕前改正自己的不良饮食习惯，均衡摄取营养，否则怀孕后会造成营养不良，影响胎儿的生长发育。

脾胃虚弱的女性，可以多吃一些山药、莲子、薏米、白扁豆等来调理脾胃；血虚、贫血的女性可多吃些红枣、枸杞子、红小豆、动物血、动物肝脏等来补气补血。

平时易疲劳、易感冒的女性，可加用黄芪、西洋参等来补气血。

猪蹄花生大枣汤

材料 猪蹄约1000克，花生50克，红枣10颗。

调料 盐、鸡精各适量。

做法

1.猪蹄洗净，对剖后剁成小块；花生、红枣均洗净。

2.将猪蹄、花生、红枣同入锅中，加适量水煮至熟烂，加入盐、鸡精调味即成。

贴心提示

猪蹄对于准妈妈身体非常有益，有利于维护组织细胞正常生理功能，加速新陈代谢，延缓机体衰老。此汤还具有催乳作用，对于哺乳期妇女能起到催乳和美容的双重效果。

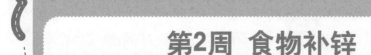

第2周 食物补锌

锌是人体必需的重要微量元素，被科学家称为"生命之素"，对人体的许多正常生理功能的完成起着极为重要的作用。锌对生殖功能也有着重要的影响，如果准妈妈在怀孕期间摄取足量的锌，分娩时就会很顺利，新生儿也会非常健康。正常情况下，准妈妈对锌的需要量比一般人多，除自身需要外，还要供给发育中胎儿的需要。如果孕妈妈缺锌，也会导致胎儿生长缓慢。

补锌的最佳来源是食补，准妈妈应多进食一些含锌丰富的鱼、紫菜、猪肝、猪肾、瘦肉、虾皮、牡蛎、黄豆、绿豆、芝麻、花生、核桃等。

凉拌牡蛎

材料 牡蛎肉300克，姜末3克。

调料 盐3克，味精1克，酱油2滴，醋3克，香油1滴。

做法

1.牡蛎肉洗净，用沸水烫断生捞出，放在凉水中过凉取出，沥干水分装盘。

2.将盐、味精、酱油、醋、香油、姜末搅拌均匀，淋在牡蛎肉上即可。

🔖 贴心提示

牡蛎，俗称海蛎子，味美肉细，营养价值很高。多食牡蛎肉，能细洁皮肤，并能治虚，解丹毒，还有降血压、降低胆固醇的功效。

第3周 补充叶酸，预防宝宝出生缺陷

叶酸对于红细胞的生成，防止巨幼细胞性贫血，降低心脏病、脑卒中、癌症、糖尿病的发病率具有重要作用。对于准妈妈来说，叶酸的功效在于能降低胎宝宝神经管畸形等先天性疾病的发生率。怀孕时缺乏叶酸，容易造成胎宝宝神经管的缺陷，造成无脑儿、脑积水、脑膨出、脊柱裂及兔唇、腭裂等神经管畸形。

叶酸以绿色蔬菜叶子中含量丰富，而且，绿色蔬菜的颜色越深，叶酸的含量越高，如菠菜、西蓝花、芦笋等叶酸的含量都很丰富。

麻酱粉丝菠菜

材料 菠菜200克，绿豆粉丝100克。

调料 麻酱、酱油、老陈醋各1汤匙，盐、香油各1茶匙。

做法

1. 菠菜洗净，去根，入沸水中焯熟，过凉水沥干，切段；绿豆粉丝用开水烫软，过凉水沥干。

2. 麻酱中加入酱油、盐、老陈醋，搅拌到满意的稀稠程度。

3. 菠菜、粉丝装盘，倒入调好的麻酱，拌匀，再淋入香油即可。

第4周 增加优质蛋白质和脂肪

孕期实施健康饮食计划是准妈妈给自己的奖赏，更是给胎宝宝的礼物。热量方面，最好在每天正常成年人需要量的基础上再有所增加，为怀孕积蓄一部分能量。孕妈妈每天应摄取40~60克优质蛋白质，保证受精卵的正常发育。

脂肪是机体热能的主要来源，其所含的必需氨基酸是构成机体细胞组织不可缺少的物质，增加优质脂肪的摄入对怀孕有益。

补充充足的矿物质和适量的微量元素，有助于精子、卵子及受精卵的发育与成长。

多吃海鲜水产品，可以保证生殖细胞的健康发育。所以，平时应多吃一些鳝鱼、泥鳅、牡蛎等。

糖醋排骨

材料 排骨400克，葱段、姜片各10克。

调料 冰糖15克，生抽8克，老抽5克，醋10克，料酒5克，盐适量。

做法

1. 将排骨放沸水锅中氽烫后加料酒、生抽、姜、葱腌制20分钟，排骨上锅蒸30分钟，蒸好的排骨拣出待用，肉汤取出姜、葱备用。

2. 锅中倒油烧至七成热，将排骨放入炸至金黄盛出，锅中留底油，将冰糖放入熬化，入蒸排骨的肉汤、老抽、盐，放入排骨烧几分钟即成。

早餐组合：青菜蛋羹+番茄豆腐+麦片红豆粥

青菜蛋羹

材料 鸡蛋120克，新鲜菜叶50克。

调料 盐1茶匙，香油2茶匙。

做法

1．鸡蛋打入碗中，加少许白开水搅拌均匀；菜叶洗净，焯熟，切碎。

2．碗上铺上一层保鲜膜，放入蒸锅大火烧开。蒸10分钟后熄火，揭去保鲜膜，放入切碎的菜叶，调入盐、香油即可。

番茄豆腐

材料 番茄100克，豆腐250克。

调料 盐3克，生抽、葱丝、姜丝各适量。

做法

1．将豆腐切成块，番茄洗净，切块。

2．炒锅放入油烧热，将番茄放入煸炒出红油，放入豆腐，加入生抽、盐略为翻炒，盖上锅盖焖3～5分钟后加入葱丝、姜丝，翻炒均匀即可。

麦片红豆粥

材料 麦片、牛奶各30克，红豆、大米各50克。

做法

1．麦片冲洗一下；红豆和大米淘洗干净，然后将红豆泡水1小时左右。

2．锅内加水，下入大米和红豆用大火煮开后转入中火慢煮半小时，加入麦片、牛奶，搅拌几下，盖盖再煮5分钟即可。

午餐组合：小白菜丸子汤+鸡腿饭

小白菜丸子汤

材料 肉馅100克，鸡蛋1个，小白菜30克。

调料 香油5克，盐3克，葱末、姜末各5克。

做法

1.肉馅中放入葱末、姜末、香油、盐，搅拌均匀，再把鸡蛋打散，放入肉馅中搅拌均匀。

2.锅中水烧开，把肉馅挤成一个个小丸子，下入水中，待丸子浮起，撇去浮沫。

3.小白菜洗净，切小段，放入锅中，煮熟即可。

鸡腿饭

材料 鸡腿肉50克，白饭、西蓝花各30克，高汤100克。

调料 盐、生抽、葱末、料酒、糖、香油各1茶匙。

做法

1.鸡腿肉放入容器，加葱末、生抽、料酒、糖、盐腌30分钟。

2.西蓝花洗净，入沸水锅中氽烫3分钟捞出过凉水，用盐和香油拌匀。

3.平底锅烧热，放一小勺油，把鸡腿肉的鸡皮部分朝下煎1分钟，待鸡皮金黄翻面，把腌肉的汁倒入锅中，盖盖焖5分钟，待汤汁收浓，关火，闷一会儿。

4.把鸡腿肉切成条，摆放在白饭上，加入西蓝花，淋上烧鸡腿肉的汁，即可。

晚餐组合：
米饭+芦笋鸡柳+莴笋叶豆腐汤+菠菜炒鸡蛋+小番茄炒鲜贝

芦笋鸡柳

材料 芦笋300克，鸡胸肉150克，胡萝卜50克。

调料 料酒、盐、淀粉、酱油、香油各少许，葱末、姜末各1茶匙。

做法

1.将芦笋洗净，切段；胡萝卜切条；鸡胸肉切条，用少许料酒和酱油腌5分钟。

2.锅中热油，爆香葱末、姜末，再放入鸡肉条、胡萝卜条和芦笋段，加料酒和盐煸炒，用淀粉勾芡并淋入香油后即可出锅。

贴心提示

芦笋含有丰富的叶酸，对胎儿的生长发育有利，对孕妇是很重要的营养成分。

莴笋叶豆腐汤

材料 嫩豆腐100克，莴笋叶50克。

调料 盐、香油各2克。

做法

1.莴笋叶洗净，切成小段，入开水锅氽烫，捞出，放在汤碗中。

2.嫩豆腐切成菱形片，放入开水锅焯一下，捞出，沥干水。

3.锅中放入清水，煮沸，加入豆腐片、盐，待汤煮沸，撇掉浮沫，盛入汤碗中，淋香油即可。

贴心提示

清水也可用高汤代替。

菠菜炒鸡蛋

材料 菠菜200克，鸡蛋2个。

调料 盐、料酒、葱末、姜末、味精、香油各适量。

做法

1.将菠菜洗净后切成小段，放入开水中烫一下，捞出后用凉水冲一下备用。

2.将鸡蛋打入碗中加盐。将炒锅置旺火上，倒入油烧热，放入鸡蛋炒熟，盛出备用。

3.再将炒锅置火上烧热，放油，下葱、姜末爆香，烹入料酒，下菠菜煸炒至菠菜断生，然后放入炒好的鸡蛋，加盐翻炒均匀，加味精、香油炒匀出锅。

小番茄炒鲜贝

材料 鲜贝200克，小番茄150克，葱2根。

调料 盐2克，味精3克，高汤15克，水淀粉1汤匙。

做法

1.鲜贝、小番茄均洗净，一切为二；葱切段。

2.坐锅热油，以中火烧至三成热后，放入鲜贝及小番茄滑熟，捞出沥油。

3.锅中留少许底油，先爆香葱段，再入鲜贝、小番茄及盐、味精、高汤炒匀，最后用水淀粉勾芡即可。

早餐组合：芝麻烧饼+南瓜小米粥+梅子山药

南瓜小米粥

材料 小米100克，南瓜80克。

做法

1.小米淘洗干净，放入陶瓷煲；加入适量水，按照平常煮粥的浓稠加水就可以了，中火烧开。

2.南瓜去皮切小块，放入陶瓷煲内同煮，中火烧开，改文火，慢慢熬至喜好的程度，南瓜软烂，用勺子背面把南瓜块压成泥拌匀即可。

梅子山药

材料 山药200克，西梅10克，话梅10克，酸梅晶20克。

调料 白糖、盐各1茶匙。

做法

1.山药去皮切长条，放入开水中煮至断生即可，出锅过凉水，码入盘中。

2.酸梅晶用水稀释上火熬，放入西梅、话梅、白糖，少许盐，汁见稠为止。

3.汁凉后，浇在码好的山药上即可。

午餐组合：米饭+鲫鱼炖豆腐+木耳银芽炒肉丝

鲫鱼炖豆腐

材料 鲫鱼200克，豆腐150克。

调料 食用油、葱、姜、盐、味精、胡椒粉、葱油、料酒、鲜汤、香菜各适量。

做法

1. 将鲫鱼宰杀，除去鳞、鳃及内脏，洗净，用刀将两面切成花状。

2. 豆腐切成小方块，用开水焯一下，捞起，控干水分；葱、姜切成粒；香菜切末。

3. 将炒锅置旺火上，倒入食用油烧热，下鲫鱼略煎，下葱、姜粒，加料酒、鲜汤，用大火烧开，改小火慢炖10分钟，再下豆腐，继续炖5分钟。

4. 加盐、味精、胡椒粉调好口味，淋葱油，撒些香菜末即可。

木耳银芽炒肉丝

材料 水发腐竹50克，豆芽、水发木耳、肉丝各100克。

调料 香油1匙，盐、淀粉各5克，姜末6克，生抽1匙。

做法

1. 将水发腐竹切成斜丝；猪肉丝用生抽和淀粉抓匀。

2. 将水发木耳择洗干净，切成细丝；豆芽择洗干净；放进开水中焯一下捞出。

3. 锅中热油爆香姜末，倒入肉丝炒散再放入豆芽和木耳丝煸炒，加少量水、盐、鸡精和腐竹，用小火慢烧3分钟，转大火收汁，然后用水淀粉勾芡，淋入香油即可。

晚餐组合：米饭＋菠萝平鱼＋芹菜炒牛肉丝＋五菇汤＋凉拌老虎菜

菠萝平鱼

材料 菠萝250克，平鱼1条，柠檬1个。

调料 水淀粉1汤匙，冰糖10克，盐5克。

做法

1.菠萝切小块；平鱼洗净，在鱼的两侧各划两刀，均匀抹上盐；柠檬洗净切半，取半个柠檬榨汁备用。

2.油锅烧热，放入平鱼炸至成金黄色。

3.锅中留底油继续烧热，放入菠萝块翻炒，加水淀粉、冰糖煮至浓稠，淋在鱼上，并挤上柠檬汁即可。

芹菜炒牛肉丝

材料 牛里脊肉丝150克，芹菜（去根叶）100克，牛肉汤15克。

调料 料酒10克，酱油8克，水淀粉20克，盐、味精各适量。

做法

1.将牛肉丝用调稀的水淀粉8克和盐一起拌匀；芹菜切成长5厘米的段，用沸水焯一下，立即用漏勺捞起，再用冷水过凉。

2.炒锅放在武火上，倒入色拉油，烧至四成热时，放入牛肉丝，用筷子拨散，约10秒钟，用漏勺捞起。

3.锅中留底油，烧至四成热时，将芹菜段倒入煸炒，随即放入料酒、酱油、味精、牛肉汤，烧沸后，用水淀粉12克调稀勾芡，再倒入炒好的牛肉丝用炒锅翻炒后即成。

五菇汤

材料 金针菇、干香菇、草菇、蘑菇、平菇各25克，魔芋丸5粒，葱白1/2颗，红椒半个。

调料 盐、香油各1/2茶匙。

做法

1. 魔芋丸洗净，放入沸水中汆烫，捞出；葱洗净，红椒去蒂去籽，均切丝。

2. 所有菇类材料洗净，放入锅中加水煮熟，再加入其他材料，起锅前淋入香油和盐调匀即可。

凉拌老虎菜

材料 黄瓜500克，尖椒250克，香菜25克，葱白10克。

调料 盐1茶匙，香油1/2茶匙。

做法

1. 黄瓜切丝；尖椒切丝；香菜切段；葱白切丝。

2. 将黄瓜丝、尖椒丝、香菜段、葱白丝盛入盘中，加入盐和香油，拌匀即可。

早餐组合：紫薯银耳白果羹+虾仁炒鸡蛋+牛奶

紫薯银耳白果羹

材料 银耳50克，紫薯200克，白果10个。

调料 冰糖适量。

做法

1.银耳泡发，洗净，撕成小朵。紫薯洗净，去皮，切成小丁。

2.将银耳、白果和紫薯加水放入锅中，中火煮开，转小火慢煲。当汤汁变浓稠，紫薯软糯时关火。

虾仁炒鸡蛋

材料 鲜虾200克，鸡蛋100克。

调料 盐2克，料酒10克，白胡椒粉2克，淀粉、生抽各适量。

做法

1.鲜虾去头、去壳、去虾线备用；在剥好的虾仁中依次加入盐、料酒、白胡椒粉、淀粉、生抽，拌匀腌制片刻。

2.鸡蛋打散加入少许盐搅拌均匀。锅中放入适量油加热，倒入蛋液炒散盛出备用。

3.锅中放入适量油加热至六成热，放入腌制好的虾仁炒至变色，再加入炒好的鸡蛋翻炒均匀即可。

午餐组合：米饭+蒜苗炒土豆丝+花生仁蹄花汤

蒜苗炒土豆丝

材料 蒜苗200克，土豆100克，姜丝10克。

调料 料酒、淀粉、麻油各10克，盐3克，味精、醋各2克，白糖1克，鸡汤75克。

做法

1.将蒜苗洗净，切成4厘米长的段；土豆去皮洗净，切成均匀的丝，洗两遍。

2.锅内加植物油烧至五成热，放入姜丝炝锅，烹入料酒，下入土豆丝煸炒，加鸡汤，炒至断生，加白糖、醋，倒入蒜苗煸炒至熟，加盐、味精炒匀，用淀粉勾芡，淋入麻油，出锅装盘即成。

花生仁蹄花汤

材料 猪蹄200克，花生仁（生）50克。

调料 姜、盐各10克，胡椒粉8克，味精5克，大葱20克。

做法

1.将猪蹄毛刮净，浸泡后洗净，猪蹄对剖后剁成方块。

2.花生仁用温水浸泡后去皮；葱切段、姜拍破。

3.将砂锅置旺火上，加清水1500克，下猪蹄块，烧沸后撇尽浮沫，放入花生仁、葱段、姜块。

4.猪蹄半熟时，将锅移至小火上，加盐继续煨炖，猪蹄炖烂后，起锅盛入汤碗，撒上胡椒粉、味精即可。

晚餐组合：米饭＋蚝油生菜＋土豆炖鸡块＋虾干竹荪汤＋青椒炒鸡蛋

蚝油生菜

材料 生菜300克，蚝油30克。

调料 清油60克，胡椒粉1克，蒜末3克，酱油10克，白糖10克，料酒20克，盐1克，水淀粉10克，味精3克，香油5克，高汤适量。

做法

1.坐锅放水，加盐、白糖、清油，水开后放生菜，翻个儿倒出，压干水分倒盘里。

2.起油锅，加蒜末炒一炒，加蚝油、料酒、胡椒粉、白糖、味精、酱油、高汤，开后勾芡，淋香油，浇在生菜上即可。

土豆炖鸡块

材料 鸡肉300克，土豆200克，干辣椒2个。

调料 酱油、盐、葱花、姜片、生抽各适量。

做法

1.鸡肉切块，用盐、料酒、生抽、葱花拌匀腌制15分钟。

2.土豆去皮切1厘米见方的小块。

3.锅内烧热油，放葱花、姜片，下鸡块翻炒至鸡块变色，水分大部分消失，下生抽和土豆块翻炒2分钟。

4.加水与材料齐平，放盐，大火烧开，小火慢炖20分钟，转中火加入干辣椒，收干汤汁即可。

虾干竹荪汤

材料 虾干50克，娃娃菜50克，竹荪50克，葱、姜各5克。

调料 盐、白胡椒粉各2克，料酒10克。

做法

1.娃娃菜洗净；虾干用开水泡软后沥干；竹荪用水泡30分钟，洗净，去掉根部黄色部分，斜刀切成段；葱、姜切末。

2.娃娃菜用开水煮透，放凉开水中过凉，挤干水分后，用手撕开备用。

3.虾干下油锅煸炒一会儿，下入葱、姜末，放料酒，放入适量水或高汤煮沸。

4.放入娃娃菜、竹荪再煮5分钟，最后用盐和白胡椒粉调味即可。

青椒炒鸡蛋

材料 青椒、鸡蛋各2个，葱末、蒜末各适量。

调料 盐、香油各少许。

做法

1.青椒洗净，切丝待用；将鸡蛋打入碗中，加盐，用筷子充分搅打均匀备用。

2.锅里放油烧热，倒入鸡蛋液，翻炒成鸡蛋块后盛出备用。

3.锅内底油烧热，倒入葱末、蒜末爆香；倒入青椒丝，大火翻炒；再倒入炒好的鸡蛋翻炒均匀，加少许盐淋入几滴香油炒匀即可。

早餐组合：糖三角+黄瓜大米粥+海米拌豆腐

黄瓜大米粥

材料 大米100克，黄瓜1根。

调料 盐1茶匙。

做法

1. 锅里放入足量的水，大火烧至水开；大米用清水冲洗一遍，放入锅中。

2. 往锅里加入一滴食用油，用大火熬煮至锅里的水再次烧开，用勺子将锅里的大米朝一个方向搅拌几次，转小火慢慢煮，其间要间隔用勺子朝一个方向搅拌几次，直到锅里的大米煮至软烂。

3. 黄瓜洗净，轻轻刮去外皮，再切成小丁，放入锅中。加入盐调味，用勺子搅拌1～2分钟关火即可。

海米拌豆腐

材料 豆腐300克，海米1茶匙，青、红椒各半个，黑芝麻2茶匙。

调料 盐1/2茶匙，花椒1茶匙。

做法

1. 豆腐切成方丁，入锅中加少许盐焯煮一下，捞出；海米泡发；青、红椒切成细末。

2. 将焯好的豆腐放入盘中，撒上青椒末、红椒末、海米、黑芝麻。

3. 锅中放油烧热，入花椒炸香，豆腐盘中撒盐，将花椒油趁热浇入即可。

午餐组合：腊肉小米饭+甜椒牛肉丝+栗子烧白菜+鸡翅豆腐汤

腊肉小米饭

材料　小米300克，腊肉（生）150克，油菜心35克。

调料　盐4克。

做法

1. 将小米淘洗干净，去杂质，沥干水；油菜洗净，挤去水，切成粒状；腊肉切成小颗粒，放入盘中，备用。

2. 不锈钢锅中倒入适量水，烧沸后放入小米、腊肉粒、油菜末、盐，再次烧沸后改用小火焖煮，煮熟后即可食用。

甜椒牛肉丝

材料　甜椒、牛里脊肉各200克，蒜苗段15克，嫩姜25克。

调料　香油少许，料酒10克，淀粉20克，酱油15克，甜面酱5克，盐2克，鸡精2克，高汤适量。

做法

1. 牛肉去筋洗净，切成丝，加入盐、淀粉拌匀；将甜椒去蒂去籽洗净，切成细丝；嫩姜洗净，切成细丝。

2. 取一个小碗，放入香油、酱油、鸡精、淀粉，加适量高汤调成芡汁。

3. 锅内放入植物油，烧至七成热时下牛肉丝迅速炒散，放料酒、甜面酱、甜椒丝、姜丝炒出香味，加入盐，烹入芡汁，最后加入蒜苗段，翻炒均匀即成。

栗子烧白菜

材料 白菜300克，栗子20个，姜末1茶匙。

调料 盐、料酒、白糖、水淀粉各1茶匙，香油2克。

做法

1.炒锅烧热，倒入油烧至六七成热，放入白菜炸至金黄色，捞出，再将栗子也用热油炸一下，捞出。

2.原锅倒入油烧热，炒香姜末，倒入料酒、盐、白糖调好口味，将白菜、栗子放入烧开，改小火慢慢收汁。

3.待汤汁渐少时，改大火，用水淀粉勾芡，淋入香油即可。

鸡翅豆腐汤

材料 鸡翅300克，豌豆苗、金针菇各30克，豆腐50克，姜片、葱段各10克。

调料 盐、香油各2克。

做法

1.鸡翅洗净，将鸡翅放入沸水锅中，煮5分钟后捞出；豆腐切小块；豌豆苗、金针菇分别洗净。

2.砂锅中放入姜片、葱段和焯好的鸡翅，加入水，大火煮开后，转小火煮20分钟。

3.大火将鸡翅汤煮开后，将豆腐块倒入煮几分钟，然后将金针菇放入，待汤再次煮滚沸腾，倒入豌豆苗即可关火，放入盐、香油调味。

晚餐组合：馒头+滑熘鸡片+韭菜炒虾仁

滑熘鸡片

材料 鸡胸脯肉150克，黄瓜20克，香菇5朵，鸡蛋1个。

调料 葱、姜各5克，香油、白糖、醋各1茶匙，料酒2茶匙，盐1/2茶匙，水淀粉1茶匙，清汤少许。

做法

1.鸡胸肉切片，放入葱姜水、盐、蛋清略腌；香菇、黄瓜均洗净，切片。

2.热锅倒油，五成热时，将鸡片入锅滑开，滑透倒入漏勺。

3.将料酒、盐、白糖、醋、水淀粉调成芡汁；热锅倒入油，下葱末煸香，放入香菇片翻炒，将熟时下黄瓜片炒匀，倒芡汁后下鸡片，翻匀出锅。

韭菜炒虾仁

材料 韭菜200克，鲜虾100克。

调料 盐1/2茶匙，料酒2茶匙。

做法

1.将鲜虾剥壳，去虾线；韭菜洗净切段；粉丝泡发。

2.起油锅，放入蒜末煸香，倒入虾仁，放少许盐和料酒，变色即上碟备用。

3.再起油锅，将韭菜倒入，放少许酱油，炒至将熟，将虾仁倒入，一同翻炒至全熟即可。

孕二月

缓解孕吐的开胃餐

第5周 想吃什么就吃什么

进入第五周以后，孕妈妈的口味悄悄起了变化，表现在平时喜欢吃的东西突然变得不想吃了，而对之前一直不喜欢的食品却青睐有加。这种变化真是让人措手不及。孕妈妈要有充分的心理准备，这是妊娠初期正常的生理反应，无需担忧。

为了自己也为了宝宝，早餐要争取多吃一点儿，想吃什么就吃什么，能吃多少就吃多少。

此时准妈妈要应对好早孕反应，坚持进食，但不可滥补营养剂。能吃的时候就吃，能吃多少就吃多少，不想吃的时候也要选择适口的东西尽量吃一些。每次不可吃得太饱，可少吃多餐；这个时候不必介意是否营养平衡，只要多吃就好。

话梅清香手剥笋

材料 鲜笋300克，话梅75克。

调料 桂皮1段，香叶2片，盐15克，糖25克。

做法

1.将鲜笋洗净后切去老根，纵向从中间切一刀，将笋一分为二，再对开切成一半。

2.锅中倒入水（水量以能没过笋为准），水开后，下入鲜笋，煮一分钟后捞出，这样可以去除笋的涩味。

3.另取一只锅，放入香叶、桂皮、话梅、盐、糖和焯好的笋，然后倒入水（水量以能没过笋为准），大火煮开后，盖上盖子，转中火煮20分钟左右。

4.煮好后，待全部冷却后，移至冰箱冷藏室，浸泡24小时后食用味道更佳。

第6周 嘴里出现怪味

部分孕妈妈因为唾液的分泌量减少，会引起嘴里细菌过度生长而发生口臭，这也是孕妈妈容易感到口干舌燥的主要原因。多吃些水果可以部分缓解口干口臭的症状，同时还要注意要少吃容易上火的食物，保持清淡饮食。

喜欢吃酸的孕妈妈可选择酸味水果，不但可以开胃、减轻孕吐的症状，还可以减轻嘴里的怪味。如用柠檬榨汁或做柠檬茶，还可以用紫苏、陈皮、梅子来煮调食物，这些都是开胃下饭的食品。

此阶段胎宝宝的营养需求最重要的是要保证叶酸和其他B族维生素的补充。

梅味西红柿

材料 西红柿400克，话梅适量。

做法

1. 西红柿洗净沿顶部轻轻对划两刀；锅中放水烧热，把西红柿放进去稍微烫一下，取出，去皮，切成小块；话梅切成小颗粒，备用。

2. 把西红柿块和大部分话梅粒放进一个有盖子的碗，轻轻摇晃、震荡，使其出汁并充分溶合入味，接着让它静置几小时（夏天可放入冰箱冷藏几小时，会非常爽口）。取出时再把剩下的话梅粒放在上面即可。

第7周 开始出现呕吐

孕吐是孕妈妈无法逃避的，它是怀孕初期的正常生理反应。医学研究表明，孕吐与精神因素有关系，如果怀孕以后精神愉快、乐观，想一想怀孕的美妙，做母亲的幸福，遇到苦难后的坚强勇气，自然会减轻症状。

由于呕吐反应，很多准妈妈担心会影响胎宝宝的营养摄取，其实，如果你在孕前身体状况和营养状况良好，就不必担心。你的宝宝可以从母体血液中优先获得自己所需的营养，而且此时胎儿尚小，所需营养素的量也较少。准妈妈应注意摄取含有蛋白质、脂肪、钙、铁、锌的食物，确保胎宝宝的正常生长发育。

凉拌海蜇莴笋丝

材料 海蜇皮150克，莴笋250克。

调料 香油2茶匙，盐、白糖各1茶匙，香醋1汤匙。

做法

1.将海蜇皮切细丝，用凉水浸泡后捞出挤干水分；莴笋洗净后切成细丝，用盐腌15分钟后挤干水分。

2.把海蜇丝和莴笋丝共入盘中，放入全部调料拌匀即可。

> 🥄 **贴心提示**
>
> 此菜能补充丰富的蛋白质和碳水化合物，富含多种矿物质以及大量胡萝卜素和维生素等，非常适合怀孕早期食用，有利于止呕、开胃。

第8周 胃里感到灼热

从现在开始，胃部常常会有灼热的感觉，这就是医学上说的妊娠期胃灼热症。生活中注意少食多餐可以预防这种症状，因为进食量多，食物会积聚在胃肠中，使胃内压力增加，胃酸易返流到食道。此外，还要避免因贪吃而造成的肥胖，如果觉得胃部灼热感逐渐加重，可以向医生咨询，在医生的指导下服用药物。

此时，孕妈妈要少食多餐，选择清淡可口和易消化的食品。干食物能减轻恶心、呕吐症状，稀饭能补充因恶心、呕吐失去的水分。孕吐过后，尽量喝小米粥，及时调理空空的胃。

苦瓜炒三菇

材料 香菇、草菇、蘑菇各50克，苦瓜200克。

调料 盐1茶匙，蚝油5克，白糖7克，鸡精3克，香油2滴，水淀粉1汤匙。

做法

1.全部材料洗净；香菇、蘑菇、草菇均切片；苦瓜去籽，切斜片，用盐腌制10分钟后拌入白糖、鸡精和香油。

2.炒锅倒油烧热，下入苦瓜片、全部菇片翻炒几下，淋入蚝油，加水和白糖，最后用水淀粉勾芡即可。

贴心提示

若将苦瓜换成黄瓜，做成黄瓜炒三菇味道也很好。

5～8周三餐食谱推荐 ①

早餐组合：烧饼+虾片肉丝青菜粥+麻酱四季豆

虾片肉丝青菜粥

材料 鲜虾100克，鸡肉丝、油菜各50克，大米150克，葱花5克。

调料 盐2克。

做法

1.将鲜虾去壳，除去肠线，用沸水焯一下，切成片。

2.鸡肉丝用水焯后，捞出备用；油菜洗净，切碎。

3.大米洗净，放入锅中，加适量水煮至半熟时，加入鸡肉丝、虾片，煮沸，然后再加入油菜碎和葱花，搅匀后继续煮开，再用小火煮5分钟，最后放入盐调味。

麻酱四季豆

材料 四季豆250克，姜末5克。

调料 芝麻酱8克，盐1茶匙，味精1克，花椒油2滴。

做法

1.四季豆抽筋，洗净，折断，在沸水中煮熟，过凉，捞出控去水分装盘。

2.把芝麻酱用凉开水调成糊状与四季豆拌匀，把花椒油烧热，加入盐、味精、姜末浇在四季豆上，拌匀装盘即可。

贴心提示

在吃豆菜时，一定要煮熟了才可食用，因为其含有"豆素"，能够凝集红细胞和分解红细胞，生吃或未炖熟吃均可引起腹泻及出血性肠炎。

午餐组合：米饭+蒜蒸丝瓜+田园小炒+玉米西蓝花汤+小鸡炖蘑菇

蒜蒸丝瓜

材料 丝瓜250克，大蒜4瓣。

调料 盐、白糖、香油、淀粉各5克。

做法

1. 将丝瓜洗净，去皮，切块，装盘；大蒜去皮，切末，备用。

2. 炒锅放油烧热，下入一半的蒜末炸至金黄，盛出，与另一半没炸的蒜末加盐、白糖、淀粉调匀倒在丝瓜上。

3. 蒸锅中倒入水烧开，放入装丝瓜的盘子，大火蒸6分钟，取出，淋上香油即可。

田园小炒

材料 黑木耳15克，山药1根，玉米粒适量，芦笋6根。

调料 盐、鸡粉各少许。

做法

1. 黑木耳温水泡发，洗干净；玉米粒冲洗一下，沥干；山药去皮切滚刀块，在沸水中焯一下，沥干；芦笋去根部粗皮切段，放入加了少许盐的水中煮开，过凉水沥干。

2. 热油锅下黑木耳煸炒，不停地翻炒，直至发出噼啪的声音。

3. 加入山药块与玉米粒同炒，山药开始变软后倒入芦笋段，加入少量的水，调入盐和鸡粉，收汁即可。

玉米西蓝花汤

材料 新鲜西蓝花200克，玉米粒适量。

调料 水淀粉1汤匙，香油、盐、鸡粉各1茶匙。

做法

1．把西蓝花洗净，掰成小朵，放入开水中烫透，过凉水沥干；把玉米粒用开水烫煮至熟。

2．起油锅烧至六成热，下西蓝花煸炒，放入盐、玉米粒、鸡粉和适量水。

3．烧开后用水淀粉勾芡，淋上香油出锅即成。

小鸡炖蘑菇

材料 嫩公鸡500克，榛蘑100克。

调料 葱段20克，姜5片，干红辣椒5克，大料3瓣，生抽10克，料酒8克，盐适量，冰糖5克。

做法

1．嫩公鸡经过初步加工后，去除头、屁股，洗净沥干水分，剁成小块；榛蘑去除杂质和根部，用清水洗净，用温水泡30分钟，沥干备用，浸泡榛蘑的水过滤杂质后备用。

2．炒锅烧热，放入油，待油烧至六成热时放入鸡块翻炒，炒至鸡肉变色，放入葱段、姜片、大料、干红辣椒，炒出香味；加入榛蘑一起炒匀。

3．最后加入生抽、冰糖、料酒，将颜色炒匀，加入浸泡过榛蘑的水和温开水烧开，转中火炖30分钟左右，用盐调味即可。

晚餐组合：豆腐卷心菜+番茄鸡蛋汤+西芹炖牛肉+尖椒土豆丝

豆腐卷心菜

材料 豆腐、卷心菜各200克，葱丝、姜丝各5克。

调料 花椒、酱油各5克，盐2克。

做法

1. 将豆腐切块，放入沸水锅中汆烫3分钟后捞出，冲水沥干。

2. 卷心菜洗净，切小块。

3. 锅中油烧热，爆香花椒、姜丝、葱丝，放入卷心菜块大火翻炒，再放入豆腐块，加酱油炒匀，最后加盐调味。

番茄鸡蛋汤

材料 番茄200克，鸡蛋120克。

调料 盐、香油各1/2茶匙，味精1克，水淀粉2茶匙，葱末、香菜各5克。

做法

1. 将番茄、香菜洗净，香菜切小段，番茄用热水烫一下，去皮，切小块；鸡蛋磕入碗内，打散。

2. 将锅置旺火上，放油，葱末炝锅；将番茄块下入炒透，放水、盐、味精调好味，旺火烧沸。

3. 再用水淀粉勾芡，淋入鸡蛋液，待出锅前淋入香油，撒上香菜段即成。

西芹炖牛肉

材料 牛肉400克，西芹150克，大葱10克，姜5克，大料2瓣。

调料 白糖、水淀粉各1汤匙，料酒、酱油各2汤匙，盐、香油、味精各1茶匙。

做法

1．将牛肉放入沸水锅中烧沸，改用小火炖至牛肉酥烂，捞出晾凉后切块；西芹洗净切段；葱切段，姜切末。

2．炒锅放入油烧热，下入葱段、姜末和大料煸炒出香味；把牛肉块推入锅中，加酱油、白糖、料酒和牛肉汤，盖盖烧沸，小火炖15分钟至入味。

3．另起锅放入油烧热，将西芹段爆香，随即把牛肉条滑入锅中，撒入味精，淋上香油，用水淀粉勾芡，盖上锅盖烧沸即可。

尖椒土豆丝

材料 尖椒150克，土豆250克，葱白10克。

调料 盐3克，味精2克。

做法

1．尖椒洗净，去子，切丝；土豆洗净，去皮，切丝；葱白洗净，切丝。

2．土豆丝用水反复冲洗，浸泡20分钟后，再次冲洗，沥干备用。

3．炒锅中放入油烧热，爆香葱丝，放入土豆丝，大火翻炒3分钟，下尖椒丝，翻炒均匀，再放盐、味精翻炒均匀即可。

5～8周三餐食谱推荐 ②

早餐组合：花卷+玉米菠菜粥+黄瓜炒鸡蛋+椒油四季豆

玉米菠菜粥

材料 菠菜50克，玉米面100克。

调料 盐2克。

做法

1.菠菜择洗干净，放入沸水中焯后，捞出放冷水中过凉，沥干水分切末。

2.将玉米面用冷水调成稀糊状；倒入烧沸水的锅内煮成稠粥，然后撒入菠菜末和盐，搅拌即可。

黄瓜炒鸡蛋

材料 黄瓜250克，鸡蛋120克，虾皮、水发木耳各10克。

调料 盐少许，葱末1茶匙。

做法

1.黄瓜洗净切片；鸡蛋炒熟，备用；虾皮温水洗过沥干水分；木耳洗净切碎。

2.再起油锅，烧热后下入葱末和虾皮略炒，放入黄瓜片、鸡蛋，加盐，炒匀即可。

椒油四季豆

材料 四季豆300克，干辣椒1个。

调料 盐2克，香油1克，花椒少许。

做法

1.四季豆放入沸水锅中氽烫熟，捞出过凉水后，放入盘中，撒上盐和香油备用。

2.锅中油烧热，放入花椒、干辣椒炸香，将椒油趁热泼在盘中，吃时拌匀即可。

午餐组合：米饭+红烧鸡翅+糖醋蘑菇青豆

红烧鸡翅

材料 鸡翅250克，姜片、葱段各5克，干辣椒1个。

调料 白糖2匙，酱油、盐各1茶匙，花椒、八角各适量。

做法

1. 鸡翅用水焯一下；放油入锅，八成热时，向油锅内放入白糖，炒到白糖变成金黄色时，放入鸡翅。中火翻炒，直到每块鸡翅变成漂亮的金黄色。

2. 加入一些热水，水量淹没到鸡翅，放入姜片、葱段、干辣椒、花椒、八角、酱油和盐。用中火把鸡翅炖烂，汤汁变少时改大火把汁收浓，以不干锅为准。

糖醋蘑菇青豆

材料 蘑菇200克，胡萝卜1根，青豆30克。

调料 醋1汤匙，白糖20克，酱油3滴，香油2滴，面粉30克，干淀粉5克，水淀粉10克。

做法

1. 胡萝卜洗净切丁，放入沸水中炒熟后捞出，入冷水过凉，捞出沥水后放入盆内，加面粉、干淀粉及少量水拌匀挂浆；蘑菇洗净切成丁；青豆洗净沥干；将醋、白糖、酱油倒入碗中调成糖醋汁。

2. 将炒锅置于火上，倒入油烧热后下入胡萝卜丁，炸成金黄色，捞出控油。

3. 锅内留少许底油，油热后下入蘑菇、青豆煸炒几下，淋入糖醋汁，倒入胡萝卜丁，翻炒均匀，加入水淀粉勾芡，淋入香油即可出锅。

晚餐组合：豆豉肉末炒饭+番茄沙拉+鸡脯扒小白菜+砂仁鲫鱼汤

豆豉肉末炒饭

材料 新鲜猪肉末150克，豆豉15克，米饭200克，青椒30克。

调料 蒜2瓣，酱油2克，盐、白糖、姜、味精各3克，淀粉5克。

做法

1．猪肉末用少许的盐、淀粉抓匀后备用；将青椒、姜切成末，大蒜切成片。

2．油锅烧热后放入肉末，用中火慢慢将肉末中的水分炒出，炒至变色之后盛出。

3．油锅洗净后，添加少量底油，将豆豉、姜末、蒜片爆出香味之后加入青椒末一起炒匀；再放入之前炒好的肉末，加米饭一同拌匀，加酱油、白糖、味精调味后拌匀即可。

番茄沙拉

材料 小番茄150克，生菜100克，香蕉1根，猕猴桃1个。

调料 沙拉酱1汤匙，盐、胡椒粉各2克。

做法

1．小番茄洗净，对切开；生菜洗净，撕成小片；香蕉、猕猴桃去皮，切块。

2．把全部材料放入沙拉碗中，调入沙拉酱、胡椒粉、盐拌匀即可。

鸡脯扒小白菜

材料 小白菜300克，熟鸡脯肉100克，牛奶100毫升。

调料 鸡汤250毫升，料酒40克，葱花25克，盐2克。

做法

1．将小白菜择洗净，切成段，放入开水锅中焯透，放凉，装盘；将鸡脯肉切成条，备用。

2．锅中放油烧热，下葱花爆香，烹入料酒，放入鸡汤和盐，再放入鸡脯肉和小白菜，中火烧开，放入牛奶、水淀粉勾芡即成。

🎵 贴心提示

鸡胸肉性平，味甘、酸、咸；有温中益气、补虚填精、健脾胃、活血脉、强筋骨的功效。鸡胸肉还含有对人体生长发育起重要作用的磷脂类，是膳食结构中热量和磷脂的重要来源。

砂仁鲫鱼汤

材料 砂仁3克，鲜鲫鱼1尾（约150克）。

调料 生姜片、葱段、盐各适量。

做法

1．将鲜鲫鱼去鳞、腮，剖腹去内脏，洗净；将砂仁洗净后放入鱼腹中。

2．将装有砂仁的鲫鱼放入锅内，以砂锅最好，加水适量，用微火烧开。

3．锅内汤烧开后，放入生姜片、葱段、盐，即可吃鱼饮汤。

🎵 贴心提示

怀孕早期的妇女应多食用有利于胎儿神经系统发育的食物。砂仁鲫鱼汤，不仅鲜嫩爽口，营养丰富，还有利于怀孕早期胎儿的生长发育。

5～8周三餐食谱推荐 ③

早餐组合：花卷+蛋醋止呕汤+鲜虾瓜条

蛋醋止呕汤

材料 鸡蛋120克。

调料 白糖30克，米醋50克。

做法

1.将鸡蛋磕入碗内，用筷子打匀，加入白糖、米醋调匀。

2.锅内加入水，上旺火烧沸，倒入碗内鸡蛋液，煮沸即可食用。

贴心提示

鸡蛋富含营养，米醋可促进消化，减少油腻，减轻恶心。此汤和中止呕，适用于孕妇妊娠反应呕吐者。每日1次，连服3日就可有明显的止呕效果。

鲜虾瓜条

材料 鲜虾250克，黄瓜300克，大蒜3瓣。

调料 香油2滴，盐1茶匙，沙拉汁1汤匙，约1/4个柠檬挤出的柠檬汁。

做法

1.大蒜按压成蒜泥；黄瓜去皮后，斜着切成长条块，放入大碗中，倒入蒜泥、撒上盐，抓匀后放入冰箱冷藏2小时入味。

2.将虾烫熟后，去皮、头和虾线，一切为二（小虾无需切），置于盘内，倒入一些沙拉汁拌匀，放入冰箱腌半小时入味。

3.将黄瓜腌好后取出，倒出多余水分，与虾拌在一起，滴入柠檬汁、香油拌匀即可。

糖醋双丝

材料 白菜心250克，胡萝卜50克。

调料 白糖、米醋各1汤匙，盐1茶匙。

做法

1.将白菜心择洗干净，先横切成4厘米长的段，再切成细丝，放在大碗内，用盐腌20分钟后，挤干水分，放入盘中。

2.将胡萝卜去根蒂洗净，切成细丝，用开水焯一下，捞出后过凉水，控净水分，放在白菜丝上。

3.锅中放入油烧热，烹入米醋，再加入白糖烧开，用小火熬制片刻，待汤汁浓稠时出锅放凉，浇在双丝上，食用时拌匀即成。

肉片烧茄子

材料 茄子400克，猪肉75克，青椒1个，葱、姜、蒜各5克。

调料 水淀粉、酱油、白糖各1汤匙，盐、醋、料酒各1茶匙。

做法

1.茄子去蒂洗净去皮，切滚刀块；肉切薄片；青椒洗净切块；葱切丁，姜切末，蒜切片。

2.锅内油烧热，放入茄块炸至金黄色，再把青椒块也放入，稍炸倒出沥油。

3.锅内留底油烧热，放入肉片煸炒，再放葱丁、姜末、蒜片、茄块、青椒块、醋、料酒炒匀，再加酱油、盐、白糖烧开，用中小火收汁，汁浓时，用水淀粉勾芡即可。

红烧罗非鱼

材料 罗非鱼750克，葱段、姜片、蒜瓣各10克，花椒、大料各5克，干辣椒1个。

调料 酱油、白糖、料酒、醋各1汤匙，盐1茶匙。

做法

1.将鱼洗净，在两侧划几刀，在表面和鱼腹中均匀地抹上盐；将所有调料放在一个碗中调成汁。

2.把鱼用清水冲洗一遍，沥干，再用纸吸干水分。锅中倒入1汤匙油烧热，放入花椒、大料、干辣椒煸香，放入鱼，一面煎熟再翻面煎另一面。

3.两面都煎好后，倒入调好的汁，放入葱段、姜片、蒜瓣，再倒入没过鱼的开水，大火煮沸，转小火炖30分钟，至汤汁黏稠时熄火。

香甜黄瓜玉米粒

材料 黄瓜250克，甜玉米1根。

调料 盐2克，黑胡椒碎1/3茶匙，牛奶2汤匙。

做法

1.黄瓜洗净后切成小丁；取新鲜的甜玉米，用刀子取下玉米粒。

2.锅中倒入油，大火加热，待油温五成热时，先放入玉米粒炒1分钟，再放入黄瓜丁，然后撒入盐，翻炒均匀，淋入牛奶，最后加入黑胡椒碎，继续炒30秒，即可出锅。

晚餐组合：芥菜豆腐汤+鲜毛豆炒饭+银耳炒菠菜+鸡翅烧茶树菇

芥菜豆腐汤

材料 豆腐300克，胡萝卜150克，芥菜100克，银鱼80克，猪肉丝30克。

调料 盐、香油各1茶匙，水淀粉2汤匙，高汤2碗，蒜3瓣。

做法

1.豆腐洗净切块；胡萝卜洗净切丝；芥菜洗净切段；银鱼洗净备用；蒜去皮，洗净切末。

2.锅中倒入高汤烧热，放入加工好的豆腐块、胡萝卜丝、银鱼、蒜末及猪肉丝，盖上锅盖煮5分钟，加入芥菜段、盐、香油，熄火前加入水淀粉勾芡即可。

鲜毛豆炒饭

材料 米饭250克，鲜毛豆200克，鸡脯肉30克。

调料 鸡汤40克，料酒10克，盐1茶匙，味精1克。

做法

1.鲜毛豆剥去外壳，洗干净并沥干水；鸡脯肉洗净拍松，切成小丁。

2.炒锅放油烧热，放鸡肉丁迅速翻炒开，加料酒和盐，炒到鸡肉断生盛出；锅留底油烧热，放毛豆炒至半熟后出锅。

3.把鸡汤倒入炒锅内烧开，将毛豆放入煮一下，约5分钟后把米饭倒进锅内，铺在毛豆上面，盖上锅盖小火焖3分钟，然后放入鸡肉丁，加盐、味精，开中火翻炒均匀后即可。

银耳炒菠菜

材料 菠菜200克，银耳10克，蒜50克。

调料 盐3克，葱末、姜末各5克。

做法

1.将菠菜氽烫后捞出，去根，一切两段。银耳泡发，撕小朵；蒜去皮，切末。

2.将银耳、葱末、姜末、蒜末稍炒，再下菠菜段，炒匀后调入盐拌炒均匀即可。

鸡翅烧茶树菇

材料 鸡翅400克，茶树菇20克，黄芪10克，油菜心3棵，葱段、姜片各适量。

调料 酱油5克，大料3瓣。

做法

1.将鸡翅剁去两头，放入开水锅中焯一下，捞出，用冷水冲洗干净；黄芪切片。

2.锅中放少许油烧热，倒入鸡翅，煸炒5分钟，再倒入酱油和适量水烧煮，同时加入葱段、姜片、大料。

3.将茶树菇洗净，用开水焖发，去其底部木质部分，再冲洗一遍，切段放入盘中，倒入高汤，放入黄芪片，蒸60分钟。

4.将鸡翅放入碗中，摆上茶树菇，拣去黄芪，并将蒸茶树菇的汁倒入锅内，用水淀粉勾芡，浇在碗中，将油菜心（焯熟）摆放在上面即可。

5～8周三餐食谱推荐 ④

早餐组合：鸡汤挂面卧鸡蛋+彩椒西红柿

鸡汤挂面卧鸡蛋

材料 挂面150克，去骨鸡腿肉200克，鸡蛋1个。

调料 高汤50克，麻油、姜丝各20克，料酒少许，盐1/2茶匙，鸡粉1/4匙。

做法

1.将面煮熟放入碗中。

2.去骨鸡腿肉切丝备用。

3.将麻油倒入炒锅中烧热，放入姜丝、鸡腿肉丝，以中火炒约5分钟，再加入高汤、料酒、盐、鸡粉，打入鸡蛋，以小火煮约10分钟后倒入面碗中即可。

彩椒西红柿

材料 彩椒100克，洋葱50克，西红柿80克。

调料 盐少许。

做法

1.彩椒、洋葱分别洗净，切丁；西红柿洗净，余烫去皮，切小丁。

2.起油锅，加1茶匙油，放入洋葱丁、彩椒丁炒软，再加入西红柿丁拌炒片刻，加1/4杯水，盖上盖子，以小火煮至软烂放入盐即可。

贴心提示

此道菜需要小火慢慢熬煮，蔬菜特有的美味才会被释放出来。甜椒含有丰富的维生素C及硅元素，可活化细胞组织、促进新陈代谢，增强人体免疫力。

午餐组合：蘑菇盖浇饭+海米烧豆腐

蘑菇盖浇饭

材料　热米饭250克，口蘑100克，青椒、红椒各25克，芹菜30克。

调料　盐、蔬菜汤、料酒各适量。

做法

1.口蘑洗净，切小片；青椒、红椒洗净切丁；芹菜洗净切末。

2.锅内放油烧热，下青、红椒丁、口蘑片炒至八成熟，加料酒、蔬菜汤、芹菜末烧开，放盐调匀，关火，浇在饭上即可。

海米烧豆腐

材料　海米15克，豆腐150克，葱花、姜末各5克。

调料　盐3克，料酒2茶匙，味精1克，酱油10克，淀粉5克。

做法

1.将干海米洗净，放入由料酒、葱花、姜末、酱油制成的调汁中浸好；豆腐洗净，切成小方块。

2.锅置火上，放油烧热，倒入海米，用旺火快炒几下，再将豆腐块放入，继续翻炒，并将余下的作料倒入，再炒几下即成。

✓ 贴心提示

　　此菜含钙丰富，适宜孕妇常食，可以缓解小腿抽筋。

43

晚餐组合：萝卜炖羊肉+鸡蛋阿胶粥+茄汁鲷鱼条+珊瑚金钩

萝卜炖羊肉

材料 羊肉400克，白萝卜100克，蒜苗15克，生姜1小块，大料2瓣，桂皮1小块。

调料 红油、豆瓣酱、酱油各3茶匙，高汤3汤匙，料酒1汤匙，盐2茶匙，味精1茶匙，胡椒粉少许。

做法

1.羊肉洗净切块；白萝卜洗净去皮切块；生姜洗净拍松；蒜苗洗净切段。

2.锅中油烧热，放入姜、大料、桂皮、豆瓣酱、羊肉块爆炒出香味，加入料酒、高汤，用中火烧。

3.然后加入白萝卜块、盐、味精、胡椒粉、酱油烧透至入味，放入蒜苗段、红油稍烧片刻即可。

鸡蛋阿胶粥

材料 鸡蛋180克，糯米75克，阿胶50克。

调料 盐、香油各1茶匙。

做法

1.鸡蛋打散，搅匀备用；糯米洗净，用清水浸泡1小时。

2.锅置火上，放入适量清水，旺火烧沸下入糯米，再煮沸后改用小火熬煮至粥稠，放入阿胶，淋入蛋液，搅匀，烧沸后再放入香油、盐，再次煮沸后即可食用。

> 贴心提示
>
> 此粥有养血安胎的功效，适用于妊娠胎动不安、小腹坠痛、胎下血、先兆流产等症。

茄汁鲷鱼条

材料 鲷鱼200克，葱末、姜末各5克，蛋清1个。

调料 料酒、香醋、盐各1茶匙，白糖、水淀粉各2茶匙，番茄酱、干淀粉各1汤匙，生抽2汤匙。

做法

1.把鲷鱼片切成长条状，加料酒、1/2茶匙盐、1汤匙生抽、蛋清、葱末和姜末，用手抓匀，腌半小时。

2.将番茄酱、白糖、1/2茶匙盐、1汤匙生抽、香醋加适量清水兑成调料汁备用。

3.把腌制好的鱼条用干淀粉裹好，放入油锅中炸至金黄色捞出。

4.炒锅里留少许底油，油热后将调料汁倒进去，小火熬煮，烧开后，用水淀粉勾芡，最后将鱼条倒入，翻炒两下即可。

珊瑚金钩

材料 嫩黄豆芽200克，红辣椒1只，木耳10克，葱丝、姜丝各5克。

调料 花椒、盐各5克，酱油、醋、料酒、白糖各3克。

做法

1.将黄豆芽洗净，掐去根部，放入开水中焯熟，捞出沥干；红辣椒切丝；木耳用清水泡发后切丝。

2.锅置火上，放油烧至五成热，放入花椒，炸至变色捞出，放入红辣椒丝、葱丝、姜丝炒香，再依次放入木耳丝、黄豆芽，加入酱油、料酒、醋、白糖、盐，翻炒至熟即可。

孕三月

多吃保胎食物，保证镁和
维生素A的摄入

第9周 适当吃些酸味食物

很多女性怀孕后特别喜欢吃酸味食物，这究竟对孕妈妈和胎宝宝好不好呢？从营养方面来说，孕妈妈吃酸味食物对本人和胎宝宝的发育都有好处。酸味能刺激胃酸分泌，提高消化酶的活性，促进胃蠕动，有利于食物的消化和各种营养素的吸收，还能增加孕妈妈食欲，减轻早孕反应。特别是在之后的2～3个月里，胎宝宝的骨骼开始形成，酸性物质可促进钙的吸收和骨骼成长，有助于铁的吸收，促进造血。

带有酸味的新鲜蔬果，如西红柿、青苹果、橘子、草莓、葡萄、酸枣等中含有丰富的维生素C，维生素C可以增强母体的抵抗力，促进胎宝宝正常生长发育。此外，酸奶也是孕妈妈不错的酸味食物的选择。

番茄焖虾

材料 大虾300克，洋葱50克，芹菜、青椒、番茄各10克，蒜瓣5克。

调料 盐1茶匙，清汤适量。

做法

1. 虾剥壳去泥肠，洗净后煮熟。

2. 洋葱、芹菜、青椒、番茄、蒜瓣均洗净切末备用。

3. 油烧至六成热时，放入洋葱末、蒜末炒至微黄，再放入芹菜末、青椒末、番茄末，炒至五成熟时，倒入适量清汤煮沸，加入盐调好味，放入虾，文火焖几分钟即可。

💧 贴心提示

用番茄酱替代番茄也行，两者做出的菜肴风味不同。

第10周 补充B族维生素

营养学专家指出，B族维生素可以促进氨基酸的代谢，从而使恶心、呕吐症状有所缓解或消除，所以，孕早期准妈妈应注意B族维生素的补充，以减轻孕期呕吐带来的不适症状。

另外，B族维生素都是水溶性维生素，它们协同作用，调节新陈代谢，改善精神抑郁状态，改善贫血，增进免疫系统和神经系统的功能。B族维生素的主要食物来源是绿色蔬菜、水果、肉类、蛋奶和坚果。

腰果鸡丁

材料 鸡腿肉300克，腰果50克，姜2片，蒜2瓣，青红椒各半个，鸡蛋1个。

调料 盐3克，淀粉、料酒各10克。

做法

1.将鸡腿肉去骨切成方丁，加入蛋清、盐、淀粉、少许清水上浆入味，用手抓匀；姜切丝，蒜切片，青红椒切块备用。

2.锅里放少许油，然后放入腰果，小火慢慢加热炒熟后盛出。

3.锅内留少许油，烧热后放入姜丝和蒜片爆香，下鸡丁滑散炒至变色，放入青红椒块翻炒，然后入腰果翻炒均匀，最后加入盐，淋少许料酒炒匀即可。

第11周 调节饮食防过敏

很多女性怀孕后会发生过敏现象或以前的过敏症状更为严重。中医认为，过敏性疾病的发生原因可以分为肺气虚、肺脾气虚及肾气虚，基本上过敏的发生原因皆为气虚，即怀孕过程中为了保护胎宝宝，准妈妈母体的免疫系统下降，从而导致过敏。

鸡蛋、牛奶、黄豆、花生、鱼类、贝类是容易引起过敏的食物。多吃富含维生素C、维生素E、B族维生素的食物，多饮水，可以有效地预防过敏。准妈妈可通过食用蜂蜜、红枣、金针菇、胡萝卜这四种食物，起到抗过敏的功效。

凉拌金针菇

材料 金针菇150克，海蜇皮100克，熟火腿丝30克。

调料 葱丝、姜丝各5克，麻油3克，盐2克，味精1克。

做法

1．海蜇皮泡发后洗净切成短丝条，用开水烫一下，再用冷水浸泡数小时后备用。

2．金针菇去根洗净，泡入水中约15分钟。

3．炒锅放油烧热，放入姜丝、葱丝炒几下，再放入金针菇、盐、味精翻炒均匀后倒入盘内，冷却后和海蜇皮拌匀，淋上麻油，再放入熟火腿丝即成。

贴心提示

金针菇中的赖氨酸和精氨酸含量特别丰富，有促进胎宝宝健康成长和智力发育的功效，被称为"增智菇"。

第12周 多多食用保胎食物

孕期的前12周是胎宝宝成长的关键期，胎宝宝的器官正在分化成长，如果准妈妈不加以注意极易造成流产和畸胎。因此，准妈妈从孕早期就要做好保胎工作。维生素E、维生素C及叶酸等营养元素，都能够帮助准妈妈达到呵护胎宝宝的目的。

孕期保胎食品主要是指为妊娠期提供全面均衡、搭配合理、营养丰富的食品。

准妈妈摄入营养不足，有可能使胎宝宝半途夭折、流产、死胎或引发早产、先天畸形等。

海参、玉米、葵花子、芥菜、苹果等营养丰富，是孕期保胎佳品，准妈妈可以经常食用。

葵花子拌芥菜

材料 芥菜200克，熟葵花子仁50克，红椒丁5克。

调料 盐、白糖各1茶匙，葱油1汤匙。

做法

1.芥菜洗净，氽烫后捞出过凉水，挤干水分，切碎末。

2.芥菜末、葵花子仁、红椒丁加入全部调料拌匀即可。

> 贴心提示
>
> 葵花子具有调节人体新陈代谢、保持血压稳定及降低血中胆固醇、活化毛细血管、促进血液循环的功效。芥菜含有大量的抗坏血酸，能增加大脑中氧含量，有提神醒脑、解除疲劳的作用。

早餐组合：紫薯粥+杏仁拌三丁+糖醋鸡蛋

紫薯粥

材料 大米100克，紫薯200克，牛奶100毫升。

做法

1.大米洗净，浸于水中1小时；紫薯去皮切成小薄丁。

2.大米和紫薯丁放入锅内加水煮沸，转小火，再煮25～30分钟，倒入牛奶煮沸，粥烂即可。

杏仁拌三丁

材料 西芹100克，杏仁50克，黄瓜80克，胡萝卜20克。

调料 盐、香油、味精各2克。

做法

1.杏仁洗净；黄瓜、西芹、胡萝卜均洗净切成丁。

2.锅内倒水烧开，放入杏仁、西芹、胡萝卜丁焯一下，捞出冲凉；加入黄瓜丁、盐、味精、香油拌匀即可。

糖醋鸡蛋

材料 鸡蛋2个，蒜末、姜末各5克。

调料 白糖、醋各6克，水淀粉5克。

做法

1.鸡蛋炸成荷包蛋，放入盘中。

2.另起油锅加热，下入白糖炒至呈红褐色时，放入醋、姜末、蒜末，添加清汤，烧沸，下入水淀粉勾芡，浇在鸡蛋上即成。

午餐组合：西葫芦蒸饺+豆泡圆白菜+玉米排骨汤+菠菜炒猪肝

西葫芦蒸饺

材料 西葫芦750克，肉馅100克，水发木耳10克，面粉200克。

调料 葱末、姜末各10克，盐2克，酱油、香油各1茶匙。

做法

1.将面粉加入沸水，边浇边拌，和成烫面团，放凉备用。

2.西葫芦洗净擦成丝，挤水；水发木耳洗净，切碎，备用。

3.将肉馅放入盘内，加入全部调料，顺一个方向搅拌，打成黏稠状。放入西葫芦丝，木耳碎拌匀成馅。

4.将面团搓成条，揪成数个小剂子，擀成圆皮，然后左手托皮，右手打馅，包成饺子，将生坯码入屉内，用旺火蒸15分钟即熟。

豆泡圆白菜

材料 圆白菜200克，油豆泡150克。

调料 盐、鸡精各2克，葱花5克。

做法

1.圆白菜择洗干净，对半切开，切成片；油豆泡洗净，沥干水分，切开。

2.炒锅置火上，倒入适量植物油烧至七成热，放入葱花炒香，倒入圆白菜和油豆泡，翻炒3分钟至圆白菜熟透，用适量盐和鸡精调味即可。

👆 贴心提示

圆白菜的营养价值与大白菜相差无几，其中维生素C的含量丰富；此外，圆白菜富含叶酸。所以，孕妈妈应当多吃些圆白菜。

玉米排骨汤

材料 玉米500克，排骨250克，姜10克。

调料 盐3克。

做法

1.排骨剁小块，放入沸水锅中氽烫去血水后用清水冲干净。

2.玉米剁成小段；姜洗净切片。

3.将排骨、玉米、姜片放入锅中，加适量水先用大火煮沸，再转小火煲40分钟后加盐即可。

贴心提示

玉米中含有较多的谷氨酸，谷氨酸有健脑的作用。同时玉米中硒的含量也很高，适宜孕妈妈食用。

菠菜炒猪肝

材料 菠菜100克，猪肝80克，老姜3片。

调料 盐3克，香油1汤匙。

做法

1.菠菜洗净，切段；猪肝洗净、切片备用。

2.锅中倒入香油加热，爆香姜片，再放入猪肝炒至半熟。

3.最后再加入菠菜段炒匀，起锅前加盐调味即可。

晚餐组合：牛腩细面+芦笋炒蛋

牛腩细面

材料　牛腩200克，小油菜50克，细挂面150克。

调料　料酒1茶匙，盐2克，姜末1茶匙。

做法

1. 牛腩洗净，切成小丁；小油菜洗净后，切成小段。

2. 起油锅烧热后，下入姜末爆香，加入牛腩丁，倒入料酒翻炒，加水用大火煮开，再转中火煮半小时，至牛腩软烂。

3. 下入细挂面，煮开后放入油菜段，略煮，搅拌几下，加盐调味即可。

芦笋炒蛋

材料　芦笋300克，鸡蛋2个。

调料　盐2克。

做法

1. 芦笋去除老根，洗净，切段；鸡蛋打散，加少许水搅拌均匀。

2. 锅内放油烧热，放入鸡蛋液炒散，盛出。

3. 锅中放少许油，烧热后把芦笋段倒入快速炒一会儿，下入炒好的鸡蛋，撒盐，搅拌均匀，即可。

早餐组合：牛奶+香菇鸡丝面+什锦沙拉

香菇鸡丝面

材料 面条200克，鸡脯肉100克，香菇50克，葱5克，竹笋30克。

调料 酱油1茶匙，盐2克。

做法

1. 将鸡脯肉、葱、竹笋洗净；香菇用水泡软；用刀将鸡脯肉、竹笋、香菇各切成丝；葱切碎备用。

2. 将油烧热，加入葱花、鸡肉丝、香菇丝爆香；加入笋丝轻炒数下，再倒入少许酱油炒入味。

3. 加入6杯清水于锅中，待沸腾后，把面条放入锅中，煮熟后，加盐调味即可。

什锦沙拉

材料 胡萝卜、土豆、鸡蛋各1个，小黄瓜2根，火腿100克。

调料 胡椒粉、糖、盐、沙拉酱各适量。

做法

1. 胡萝卜、黄瓜洗净切粒，用少许盐腌10分钟；火腿切成细粒；鸡蛋煮熟，蛋白切粒，蛋黄压碎。

2. 土豆切片，煮10分钟后捞出压成泥。

3. 将土豆泥拌入胡萝卜粒、黄瓜粒、火腿粒和蛋白粒，加入全部调料拌匀，撒上碎蛋黄即成。

午餐组合:豉汁小排饭+香菇炒荷兰豆+萝卜丸子汤+青柠煎鳕鱼

豉汁小排饭

材料 热米饭150克，小排骨300克。

调料 大蒜2瓣，豆豉、料酒、淀粉各10克，酱油2滴，白糖5克。

做法

1.将小排骨洗净，剁成小块；大蒜去皮，切成末；豆豉洗净切碎。

2.将排骨块、大蒜末、豆豉放入一个蒸碗中，加入料酒、酱油、白糖、淀粉调匀，腌15分钟，然后上蒸锅大火蒸30分钟左右，待排骨熟烂，关火。

3.将蒸好的小排骨连同汤汁一起浇在热米饭上即可。

香菇炒荷兰豆

材料 鲜香菇200克，荷兰豆100克，马蹄300克，干红椒1个，蒜2瓣。

调料 盐、鸡精各适量，高汤少许。

做法

1.鲜香菇洗净切片；荷兰豆去老筋，撕成小片洗净，马蹄去皮。洗净切片，蒜切末。

2.炒锅烧热下油，烧至五成热，下蒜末炒香。

3.下香菇片翻炒1分钟，下荷兰豆翻炒2分钟后下入马蹄片翻炒。

4.下干红椒同炒，可以下少量高汤，最后放入盐和鸡精调味即可。

萝卜丸子汤

材料 白萝卜200克，猪肉馅250克，葱末、姜末各10克，香菜末5克。

调料 花生油、盐、料酒各2茶匙，香油1茶匙，水淀粉1汤匙。

做法

1. 白萝卜洗净，去皮，切细丝。

2. 猪肉馅放入葱末、姜末、花生油、香油、盐、料酒、水淀粉拌匀。

3. 在锅中加入适量水烧开，把调好的肉馅制成一个一个小丸子下锅，烧透后，下入萝卜丝，煮熟，放入香菜末调味。

青柠煎鳕鱼

材料 鳕鱼150克，青柠檬50克，蛋清2个。

调料 盐、干淀粉、橄榄油各适量。

做法

1. 鳕鱼洗净切块，加盐腌制5分钟，挤少许柠檬汁涂抹其上。

2. 将备好的鳕鱼块蘸上蛋清和淀粉。

3. 锅内放入两大勺橄榄油烧热，放入鱼块煎至金黄，装盘后点缀柠檬片即可。

晚餐组合：奶香玉米饼+土豆炖牛肉

奶香玉米饼

材料　玉米面粉150克，鸡蛋约180克，牛奶200毫升。

调料　白糖10克。

做法

1.鸡蛋磕入碗内，加入水、白糖搅拌均匀。

2.玉米面粉放入盆内，倒入鸡蛋液和牛奶，调成糊状。

3.平底锅置火上烧热，淋入少许油，油热后，把面粉糊舀入锅中，晃动锅，把面糊铺平。

4.一面熟后，翻面至两面金黄时即可。食用时切成小块。

土豆炖牛肉

材料　牛肉(肥瘦)400克，土豆150克，大蒜、葱、姜各5克。

调料　味精2克，胡椒粉2克，桂皮5克，料酒10克，盐3克。

做法

1.牛肉切块，用冷水泡约2小时后，连水倒入锅内烧开，撇去浮沫。

2.牛肉块倒入砂锅内，放入拍破的葱、姜、桂皮、料酒、盐，移用小火炖烂，然后去掉葱、姜、桂皮。

3.土豆削去皮，切成滚刀块，将土豆倒入牛肉砂锅内，上火烧开后，加味精和大蒜调好味，然后装入汤碗内，撒上胡椒粉即成。

早餐组合：花卷+南瓜红薯玉米粥+藕拌黄花菜

南瓜红薯玉米粥

材料 红薯100克，南瓜30克，玉米面50克。

调料 红糖6克。

做法

1. 将红薯、南瓜均去皮切成丁。

2. 将玉米面用冷水调匀，和红薯丁、南瓜丁一起倒入锅中煮熟即可。

贴心提示

此粥有润肺利尿、养胃去积的功效。现在适合孕妈妈食用，等宝宝出生后，孕妈妈也可以给宝宝吃，7~9个月的宝宝非常适合食用此粥。

藕拌黄花菜

材料 莲藕100克，黄花菜80克，葱花10克。

调料 盐2茶匙，水淀粉3茶匙。

做法

1. 将莲藕洗净，去老皮，切片，放沸水锅中氽烫捞出备用；黄花菜用冷水泡开，去杂洗净，挤去水分。

2. 锅置火上，放油烧热，先煸香葱花，再放入黄花菜煸炒，加入水、盐，炒至黄花菜熟透，淋入水淀粉勾芡，出锅；将藕片与黄花菜略拌，重新装盘即可。

午餐组合：葱油饼+雪菜炒豆腐干+海带炖肉+香菇煲乳鸽

葱油饼

材料 面粉500克，葱50克。

调料 盐2克，色拉油1汤匙，花椒粉4克。

做法

1.面粉加热水，用筷子搅拌形成小面絮，之后揉成柔软的面团；葱切成葱花，备用。

2.30分钟后，把饧好的面团揉至表面光滑，之后分成两等份。

3.取其中一份，在面板上撒上干面粉，擀成大片，稍薄些，在面片上撒上少许盐和花椒粉，抹上油，并均匀撒上葱花。

4.从面片的一边卷起，卷成长条卷，将长条卷的两头捏紧，自一头开始卷，卷成圆盘状，再将其擀薄。

5.平底锅放入少量油，烧热，将饼放入，烙成两面金黄即可出锅。

雪菜炒豆腐干

材料 豆腐干150克，雪菜100克。

调料 白糖5克，香油2滴。

做法

1.豆腐干洗净，放沸水中焯烫，捞出切丁；雪菜洗净，放沸水中焯烫，捞出沥干，切末。

2.起油锅，烧热，放入雪菜、豆腐干，加入白糖，炒匀盛盘。

3.放凉后淋上香油，拌匀即可。

🥄 贴心提示

雪菜比较咸，与豆腐干同炒时，不必再放盐了。

海带炖肉

材料 五花肉200克，水发海带300克。

调料 香油、酱油、料酒各5克，盐、白糖各3克，葱段、姜片各5克，大料2瓣。

做法

1.将肉洗净，切成块；海带择洗干净，用开水煮10分钟，切成小块备用。

2.将香油放入锅内，下入白糖炒成糖色，投入肉块、大料、葱段、姜片煸炒，加入酱油、盐、料酒，略炒一下，加入水（以漫过肉为度），用大火烧开后，转微火炖至八成烂，放入海带块，再一同炖10分钟左右即成。

💡 贴心提示

海带富含碘、钙、磷、铁，能促进骨骼生长，是孕妈妈良好的保健食物。海带炖肉，营养价值更高，适宜孕妈妈食用。

香菇煲乳鸽

材料 乳鸽1只约350克，姜片、葱段各5克，葱花3克，香菇5朵。

调料 料酒15克，枸杞子5克，盐3克。

做法

1.宰杀好的乳鸽洗净控干，锅内水煮沸，放乳鸽煮尽血水，捞出。

2.砂锅内注入适量凉水，依次放乳鸽、姜片、葱段和料酒，大火煮开后小火煲1.5小时；香菇洗净泡发后挤干水分，放入砂锅，继续用小火煲半小时，最后再放入泡发的枸杞子，煮约10分钟即可关火。最后调入适量的盐，撒上葱花即可。

晚餐组合：米饭+红烧带鱼+炒三鲜+土豆补血什锦汤+清炒豌豆苗

红烧带鱼

材料 带鱼750克，甜椒50克。

调料 葱段、姜片各少许，香油1匙，鸡精少许，料酒2匙，盐、老抽各适量。

做法

1.将锅置火上，放油烧至六七成热时，放入沥干水分的带鱼段炸呈金黄色，关火，捞起鱼段沥干油分；甜椒切块。

2.锅内留一定量的油烧至三四成热，放入姜片、蒜片和葱段炒出香味。

3.再放入甜椒块略炒一下，加一小碗水烧沸后下老抽、盐、鸡精、料酒。

4.下带鱼段，中火烧约5分钟后，放香油，装盘。

炒三鲜

材料 蘑菇、豌豆各100克，冬笋、番茄各50克，姜片、葱段各5克。

调料 盐1茶匙，味精1克，水淀粉1汤匙，香油2滴。

做法

1.豌豆洗净，沥干水分；冬笋、蘑菇均洗净切丁；番茄用开水烫去皮，切丁。

2.锅置火上，放油烧至五成热，爆香葱段、姜片，加入汤烧开，放入豌豆丁、冬笋丁、蘑菇丁、番茄丁烧开。烧至熟，加盐、味精，用水淀粉勾芡，淋上香油即可。

土豆补血什锦汤

材料 土豆100克，胡萝卜100克，干海带10克，红枣10颗，金针菜（干）10克。

调料 盐、香油各1茶匙。

做法

1. 土豆与胡萝卜洗净，去皮，切块；红枣泡软，切开去核。

2. 海带泡软切细丝；金针菜泡软用沸水汆烫，1分钟后捞起沥干，切段。

3. 全部材料加水500毫升，用大火煮沸后转小火续煮20分钟，加盐和香油调味即可。

清炒豌豆苗

材料 鲜豌豆苗300克，葱丝、姜丝各5克。

调料 盐2克，料酒3克，味精少许。

做法

1. 将豌豆苗拣去杂质，用清水洗净，捞出控净水分。

2. 锅内下入少许油，用旺火烧至五六成热时，用葱丝、姜丝爆锅，倒入豌豆苗翻炒，烹入料酒，加盐、味精，炒至豌豆苗断生即成。

9～12周三餐食谱推荐 4

早餐组合：菠菜胡萝卜蛋饼+鱿鱼淡菜粥

菠菜胡萝卜蛋饼

材料 菠菜200克，胡萝卜50克，鸡蛋180克，小葱25克，面粉150克。

调料 盐、香油、胡椒粉适量。

做法

1.胡萝卜洗净去皮，擦成丝；小葱洗净切成葱花；锅入少许油，下入胡萝卜丝和葱花，中小火煸炒至胡萝卜变软。

2.菠菜洗净，放沸水中快速氽烫一下后捞出，用凉水冲净，然后攥干水分，切成段；鸡蛋打散，放入菠菜段和炒好的胡萝卜丝；调入盐、香油、胡椒粉拌匀。

3.倒入面粉和适量水搅匀；平底锅抹油，倒入面糊（薄厚随意），小火煎熟。

鱿鱼淡菜粥

材料 鱿鱼100克，淡菜20克，粳米150克，香葱5克。

调料 盐2克，香油3克。

做法

1.粳米淘洗干净，放入锅中加适量水煮沸，转小火继续煮30分钟。

2.鱿鱼收拾干净，切圈；淡菜用温水泡软，洗净；香葱洗净，切碎。

3.将鱿鱼圈、淡菜放入粳米粥锅中，大火煮沸，加入盐、香油调味即可。

午餐组合:平菇肉片+韭菜炒豆芽+胡萝卜牛腩饭+海带排骨汤

平菇肉片

材料 猪肉200克,平菇250克,青、红椒片少许,蛋清2个。

调料 盐、高汤、味精、水淀粉各适量。

做法

1.猪肉洗净切片,加蛋清、盐、水淀粉上浆;平菇清洗干净,撕小块,汆烫;青、红椒片,洗净。

2.油锅烧热,肉片入热油中滑散至变色时捞出,控油。

3.原锅留少许底油,下青、红椒片、平菇块翻炒,加高汤、盐、味精,烧开后倒入控过油的肉片炒匀,再用水淀粉勾芡即可。

韭菜炒豆芽

材料 韭菜、绿豆芽各100克。

调料 味精、香油、盐各适量。

做法

1.先将韭菜洗净,切成3厘米长的段。

2.把绿豆芽去尾,洗净;把锅放在火上,放入花生油,烧至七成热,放入绿豆芽和韭菜段一起翻炒,加入盐再炒几下,最后加入味精,淋上香油,出锅装盘即成。

🍃 贴心提示

韭菜中含有挥发油及硫化物,具有促进食欲,抑制病菌和有害生物的生长,能刺激排尿以去除体内过多的水分、盐分;韭菜与豆芽搭配,可缓解孕期便秘。

胡萝卜牛腩饭

材料　米饭、牛肉各100克，胡萝卜、南瓜各50克。

调料　盐、高汤各适量。

做法

1.胡萝卜洗净，切块；南瓜洗净，去皮，切块备用。

2.将牛肉洗净，切块，焯水。

3.倒入高汤，加入牛肉块，烧至牛肉八成熟时，下胡萝卜块和南瓜块，加盐调味，至南瓜块和胡萝卜块酥烂即可。

4.将炖好的菜浇在米饭上即可。

贴心提示

胡萝卜和牛肉是好搭档，牛肉含有大量的铁和蛋白质，胡萝卜富含维生素，是孕妇补铁的良好选择。

海带排骨汤

材料　猪排骨400克，海带150克。

调料　葱段适量，姜2片，盐、料酒、香油各1茶匙。

做法

1.将海带洗净控水，切成方块；排骨洗净，横剁成约4厘米的段，入沸水锅中煮一下，捞出用温水清洗干净。

2.净锅内加入1000克清水，放入排骨、葱段、姜片、料酒，用旺火烧沸，撇去浮沫，再用中火焖烧约20分钟，倒入海带块，再用旺火烧沸10分钟，拣去姜片、葱段，加盐调味，淋入香油即成。

晚餐组合：雪里蕻烧豆腐+红烧黄鱼+炒双花+青笋木耳炒肉片

雪里蕻烧豆腐

材料 水豆腐、雪里蕻各200克。

调料 白糖5克，鲜汤250克，水淀粉10克，味精、葱花、香油各少许。

做法

1.豆腐切成小长方条，摆在盘中；雪里蕻洗净，用热水烫一下，用刀切成碎末。

2.将切好的豆腐条上屉蒸5～10分钟取出，去净水分。

3.炒勺加底油，油热时投入葱花炝锅，然后把雪里蕻炒片刻，添鲜汤，加白糖，再把豆腐从盘中轻轻推入勺中，待汤沸后，用慢火再烧一会儿，加味精，调好口味，用水淀粉勾芡，点香油即可。

红烧黄鱼

材料 黄鱼750克，葱段、姜片各10克。

调料 酱油、料酒、盐各适量，糖10克，淀粉5克，高汤适量。

做法

1.将鱼去鳞、鳃及内脏，洗净后用少量酱油码味，把淀粉抹在鱼身上，用热油炸黄，出锅放在盘子上。

2.炸好后将油倒出留底油，放入葱段、姜片及酱油、料酒、糖和高汤同烧，烧透起锅，浇在鱼上趁热食用。

炒双花

材料 西蓝花、白菜花各100克，蒜2瓣。

调料 盐3克，水淀粉1茶匙，鸡精少许。

做法

1.西蓝花、白菜花均洗净，切成小朵，分别用沸水焯一下；大蒜拍破，切碎。

2.锅内放油，爆香蒜末，下西蓝花、白菜花翻炒，用盐、鸡精调味，再用水淀粉勾芡，取出装盘。

青笋木耳炒肉片

材料 青笋150克，干木耳15克，瘦猪肉50克，葱丝、姜丝各5克。

调料 料酒、水淀粉各1汤匙，盐3克，鸡精2克。

做法

1.将青笋去皮洗净、切片；木耳泡发后择洗干净，撕成小朵；瘦猪肉洗净，切片，用料酒和水淀粉抓匀，腌15分钟。

2.锅置火上，倒入油，待油温烧至七成热，爆香葱丝和姜丝，放入肉片滑熟，加木耳翻炒均匀，淋入适量清水烧5分钟，放入青笋片炒熟，用盐和鸡精调味即可。

孕四月

合理进补，让宝宝更聪明

第13周
DHA和ARA，给宝宝聪明大脑

为了培育出聪明优质的健康宝宝，准妈妈最好每天吃一份深海鱼类，以补充足够的DHA和ARA。富含DHA的深海鱼类有鱿鱼、鲑鱼、鳕鱼、沙丁鱼等，其中鱼眼窝是含DHA最丰富的地方。此外，蛋、肉类及海藻也含有少量的DHA。富含ARA的食物有蛋类和动物内脏等。

补充DHA和ARA并不意味着准妈妈需要额外补充鱼油。过多鱼油会影响凝血机能，可能增加准妈妈孕期的出血概率，尤其是直接摄取大量鱼油，更容易引发准妈妈过敏。

准妈妈还需注意，食物以季节性和新鲜者为主。因为DHA和ARA属于长链多元不饱和脂肪酸，对空气和光线都很敏感，并且具有特别容易氧化变质的特点，所以在选择食物时，应以季节性及新鲜度为基本原则。

红薯鳕鱼饭

材料 红薯、米饭各100克，鳕鱼肉200克，油麦菜（油菜、菠菜、小白菜均可）50克。

调料 盐少许。

做法

1.红薯煮熟后，去皮切丁；油麦菜焯一下，切碎。

2.鳕鱼肉入沸水中汆烫，捞出，沥干备用。

3.锅内加水，放入红薯丁、鳕鱼肉及油麦菜，煮开后加入米饭搅拌均匀，加盐调味即可。

第14周
西蓝花——胎儿心脏的"守护神"

孕妈妈每周宜吃3次西蓝花，对胎宝宝的心脏可以起到很好的保护作用。因为西蓝花中含有一种叫做异硫氰酸酯的物质，这种物质具有稳定血压、缓解焦虑情绪的作用。西蓝花中的维生素C含量几乎是西红柿的4倍，对于增强孕妈妈的免疫力，保证胎宝宝不受病菌感染，促进铁质吸收等功不可没。因此，这一时期的孕妈妈可以经常食用西蓝花。

此外，西蓝花中含有丰富的维生素C、维生素A和胡萝卜素，能够增强皮肤的抗损伤能力，有助于保持皮肤弹性，使准妈妈远离妊娠纹的困扰。

西蓝花炒蟹味菇

材料 蟹味菇50克，西蓝花100克。

调料 蒜汁适量，盐少许。

做法

1.蟹味菇掰开，西蓝花掰成小朵，分别用盐水浸泡一会儿后，彻底洗净。

2.烧开水，将蟹味菇和西蓝花先后焯一下，捞出放凉。

3.热锅凉油，倒入蟹味菇，炒一下，倒入蒜汁炒匀，再放入焯好的西蓝花和盐，略炒即可出锅。

贴心提示

蟹味菇富含膳食纤维，能够起到润肠通便的功效；蟹味菇中的维生素D含量也很丰富，有助于孕妈妈补充钙质，帮助胎宝宝强壮骨骼。

第15周
注意补钙，给胎宝宝强壮的骨骼

中国营养学会所推荐的孕中期钙的供给量标准为每天1200毫克，按我国传统的饮食习惯，人均日摄入钙量约为400毫克，与之相差甚远。因此，孕中期的孕妈妈要注意多摄入富含钙的食物。如果在饮食上达不到要求，可以适当补充含钙丰富的营养品。营养学会推荐的补钙剂量并不是指钙剂的剂量，而是全天总的摄入钙的量，两者是有区别的。

补钙首先应该从丰富食物种类，均衡饮食结构入手，尽量通过改善饮食结构，达到从天然食品中获取足量钙的目的，其次才是选择补钙产品。

虾皮青菜肉末粥

材料 大米、小油菜各50克，虾皮15克，肉末100克，葱花5克。

调料 盐2克，酱油1茶匙。

做法

1 将虾皮用温水泡过，洗净，切碎；小油菜洗净切成丝。

2.锅内放适量油，下肉末煸炒，再放虾皮、葱花、酱油炒匀，添入适量水烧开。

3.放入大米，煮至熟烂，再放菜丝煮片刻即成。

第16周
牙齿坚固，补充钙、磷是根本

　　牙齿的主要成分是钙和磷，这两者需从食物中获得。准妈妈对钙、磷的摄入充足，加之讲究口腔卫生，牙齿就会得到较好的保护，从而变得坚固。所以，准妈妈在饮食中一定注意要增加钙和磷的摄取。

　　为了牙齿的健康，平时应多吃些含钙、磷丰富的食物，含钙量高的食物有虾皮、蟹、蛤蜊、奶类、鱼以及绿叶蔬菜和谷类；磷在食物中分布很广，肉、鱼、蛋、奶、豆类、谷类及洋葱等蔬菜中含磷均较丰富。

丝瓜虾米蛋汤

　　材料 丝瓜1根，虾米10克，鸡蛋2个，葱花5克。

　　调料 鸡粉、盐各1茶匙。

　　做法

　　1.将丝瓜刮去外皮，切成菱形块；鸡蛋加盐打匀；虾米用温水泡软。

　　2.起油锅，倒入蛋液，摊成两面金黄的鸡蛋饼，用铲切成小块盛出备用。

　　3.油锅烧热，加入葱花炒香，放入丝瓜炒软，加入适量开水、鸡粉、虾米烧沸，煮5分钟。

　　4.下鸡蛋煮3分钟，这时汤汁变白，调入盐即可出锅。

13～16周三餐食谱推荐 1

早餐组合：开花馒头+双豆百合粥+煎鸡蛋

双豆百合粥

材料 绿豆100克，莲子、大米各50克，鲜百合、红小豆各30克。

调料 冰糖5克。

做法

1.绿豆、红小豆、大米分别洗净，入水中浸泡2小时；百合掰成瓣洗净；莲子去心，洗净。

2.锅内倒水煮沸，放入绿豆、红小豆，煮至将酥烂时，放入莲子、大米，先用大火煮沸，再转用小火熬煮，粥将煮好时放入百合煮至粥黏稠，加入冰糖煮化即可。

煎鸡蛋

材料 鸡蛋60克，洋葱圈1个。

调料 盐1克。

做法

1.洋葱择洗干净，切成圈。

2.平底锅中涂上一层薄油，加热到七成热时，放下洋葱圈。

3.将磕开的蛋液倒入洋葱圈里，调成小火慢慢煎到底部定型，均匀滴撒上一些盐，待颜色变成金黄色，蛋液凝固即可。

午餐组合：腊味煲仔饭+虾皮紫菜蛋汤

腊味煲仔饭

材料 大米200克，腊鸭腿、腊肠、腊肉各40克，净菜心80克，蒜片5克。

调料 蚝油、鸡精、糖各5克，酱油2滴。

做法

1. 在砂煲底部抹底油，放入洗净的大米，大米和水的比例为1:1.5，然后大火烧约9分钟左右，转小火慢慢煮。

2. 将腊鸭腿、腊肠、腊肉切成片，饭半熟时，把腊味、菜心一齐平铺到饭的表层，继续小火煲。

3. 炒锅内放少许油，下蒜片、酱油、糖、鸡精、蚝油，再加一些水，炒匀制成"酱油浇头"，饭熟后关火，把"酱油浇头"淋入砂煲即可。

虾皮紫菜蛋汤

材料 虾皮、紫菜各10克，鸡蛋2个。

调料 盐4克，料酒20毫升，醋5毫升，酱油10克，味精2克，香油少许。

做法

1. 将紫菜洗净，撕碎备用；将鸡蛋磕入碗内，搅匀；虾皮洗净，用料酒浸泡10分钟。

2. 将炒锅置旺火上，加入清水、紫菜、虾皮、酱油烧开后，淋入鸡蛋液、醋，待蛋液浮起后，加入盐、味精，淋入香油即成，趁热食用。

贴心提示

紫菜含有丰富的维生素和矿物质，特别是维生素B$_{12}$。它具有清热利尿、补肾养心、降低血压、促进人体代谢等多种功效。

77

晚餐组合：木耳黄花面+香辣苦瓜+鸡腿腊肠片

木耳黄花面

材料 鸡胸肉300克，水发黑木耳、黄花各20克，菠菜50克，干面条100克（湿面条150克）。

调料 盐、鲜汤、葱花、酱油、香油各适量，水淀粉5克。

做法

1.将鸡胸肉洗净，切成薄片，并用少量盐和水淀粉码味拌匀上浆；菠菜、黄花、木耳均择洗干净，沥水备用。

2.将炒锅置旺火上，加花生油烧至八成热，放入鸡胸片，煸炒至七成熟，盛出备用。

3.热油锅放入葱花爆香，加入木耳、黄花、菠菜、酱油和盐，炒至七成熟出锅待用。

4.锅加清水适量并烧开，放入面条，煮至七成熟，倒掉面汤，加入适量鲜汤，烧开后把待用的鸡肉片、黑木耳、黄花、菠菜入锅内煮沸至熟出锅，淋上香油，拌匀食用。

香辣苦瓜

 苦瓜250克，红辣椒50克。

调料 辣椒油5克，香油、味精、盐各2克。

做法

1.将苦瓜洗净，去两头，剖两半，去瓤、内膜和籽，放入沸水锅中焯一下后捞出，用凉开水过凉，沥干水分，切丝，盛盘。

2.红辣椒洗净，去蒂和籽，切丝备用；将盐、辣椒油、味精倒入小碗中拌匀，浇在苦瓜丝上，搅拌均匀，撒上红辣椒丝，淋上香油即可。

鸡腿腊肠片

材料 鸡腿1只（约250克），腊肠1根（约100克），葱丝、姜丝各5克。

调料 盐3克，味精2克，鸡精1茶匙，料酒2滴，桂皮、大料各5克。

做法

1.鸡腿洗净剔骨，用刀背拍松，用盐、味精、料酒、鸡精、葱丝、姜丝、大料、桂皮腌制2小时。

2.将鸡腿包住腊肠用纱布包紧，用细绳捆好蒸20分钟，放凉切片即可。

早餐组合：四色烫饭+芹菜拌苦瓜

四色烫饭

材料 米饭200克，番茄、肉丝各50克，鸡蛋2个，葱末5克。

调料 盐、料酒、淀粉各1茶匙。

做法

1.番茄洗净，切块；把鸡蛋的蛋清蛋黄分别磕入两个小碗内，不要打散；肉丝放入一小碗内，加少许料酒、盐、蛋清、淀粉、葱末调匀，腌制10分钟。炒锅放少许油烧热，下腌好的肉丝炒至变色，盛出。

2.煮锅内放米饭、水，旺火煮开，将蛋黄和剩余的蛋清倒入锅内，用筷子略挑开蛋黄，然后放番茄、炒好的肉丝同煮，2分钟后加盐调匀，再煮3分钟左右即可。

芹菜拌苦瓜

材料 芹菜150克，苦瓜100克。

调料 盐2克，味精3克，醋5克，辣椒碎适量。

做法

1.将芹菜去掉根和叶片，留取叶柄，洗净后切成1.5厘米长的段，用开水焯一下，放凉备用。

2.将苦瓜削皮，去瓤、籽，切成小块，用开水焯一下，再用凉开水过一下，沥净苦瓜中的水分，和芹菜拌在一起。

3.将盐、味精、醋、辣椒碎与菜调匀，盛入盘内食用。

午餐组合：家常凉面+花生鱼头汤

家常凉面

（材料） 细切面300克，新鲜黄瓜300克，葱花、蒜末各5克。

（调料） 麻酱1汤匙，醋2茶匙，糖1茶匙，盐、香油各1/2茶匙。

（做法）

1. 锅内放适量清水烧开，把面条放入煮熟后捞出，用凉水过一下，拌上少许香油，放入冰箱冷藏30分钟。

2. 把黄瓜洗净，切成丝；把麻酱放在碗里，用适量凉开水调稀，加其他全部调料拌匀，调成调味汁。

3. 取出凉面条，浇入调好的调味汁，把黄瓜丝整齐地摆在上面，吃的时候拌匀即可。

花生鱼头汤

（材料） 鱼头800克，花生200克，腐竹1根，红枣适量。

（调料） 盐适量。

（做法）

1. 花生洗净，用清水浸泡半小时；腐竹洗净，浸软，切小段；红枣洗净，去核；鱼头洗净，对半切开，下油锅略煎两面。

2. 花生、红枣放砂锅中，加清水适量，煲1小时，放入鱼头、腐竹煲1小时左右，最后加盐调味即可。

✔ 贴心提示

熬汤时材料需冷水入锅，随着缓慢地加热，营养物质等充分浸出，使汤的味道更加鲜美浓郁。

晚餐组合：草鱼炖豆腐+杂粮饭+西红柿拌黄瓜

草鱼炖豆腐

材料 草鱼1000克，豆腐200克，姜丝、香菜、葱各10克。

调料 油1匙，盐2克，生抽2汤匙。

做法

1. 草鱼切成大块，用油、盐、生抽腌渍15分钟，香菜、葱洗净切末；豆腐切块。

2. 锅中倒油烧热，煸香姜丝，下入鱼块煎炒干身（推到一边），倒下豆腐块煎至两面金黄，淋入生抽、盐，倒入水，小火焖炖半小时。出锅前放入香菜末、葱末即可。

杂粮饭

材料 大米100克，糯米、小米、大麦、黑米各50克，干红枣8颗。

做法

1. 将大麦和黑米提前在凉水中泡8小时。

2. 泡好后和大米、糯米、小米放入电饭煲中，按平时做饭的比例加入适量水。

3. 然后加入红枣，像一般煮饭一样煮熟就可以了。

西红柿拌黄瓜

材料 西红柿2个，嫩黄瓜2根。

调料 蒜泥适量，盐、白糖各5克。

做法

1. 将黄瓜、西红柿分别洗净，黄瓜切成片。

2. 西红柿用热水烫一下去皮，切成片与黄瓜片放在同一盘中，加入盐、蒜泥、白糖拌匀即可。

13～16周三餐食谱推荐 ③

早餐组合：葱油拌面+白菜心拌豆腐丝

葱油拌面

材料 切面250克，黄瓜丝100克。

调料 葱花、姜片各2克，猪油10克，盐2克，味精3克，酱油、白糖、料酒各1匙，桂皮2克，大料、高汤各适量。

做法

1.坐锅点火放入少许猪油，下桂皮、大料炸出香味，再放入葱花、姜片煸炒，加入料酒、酱油，白糖、盐、味精，倒入高汤烧开后转小火煮20分钟。

2.将煮好的汤汁倒入碗中，坐锅将面条煮熟捞出沥干水分，放入汤汁中拌匀，撒上黄瓜丝和葱花即可。

白菜心拌豆腐丝

材料 豆腐丝200克，白菜心100克。

调料 醋10克，盐3克，香油少许。

做法

1.白菜心洗净切丝；豆腐丝在开水中烫一下，捞出沥干水分。

2.把白菜丝和豆腐丝放入盘中，加入盐、醋、香油，拌匀即可。

✔ 贴心提示

此菜也可将白菜心炝花椒油后，再与豆腐丝拌食。

午餐组合：米饭+番茄菜花+豉汁蒸排骨

番茄菜花

材料 菜花400克，番茄酱2汤匙，番茄1个。

调料 白砂糖1汤匙，盐3克，葱丝5克，香葱粒适量。

做法

1. 菜花洗净，切成小朵，放入沸水锅中汆烫捞出备用；番茄洗净，切小丁。

2. 中火烧热锅中的油，待烧至六成热时将葱丝放入爆香，随后放入番茄酱翻炒片刻，再调入少许清水大火烧沸。

3. 将菜花小朵和番茄小丁放入锅中，再调入盐和白砂糖翻炒均匀，最后将汤汁收稠装盘后，撒上香葱粒即可。

豉汁蒸排骨

材料 肋排250克，豆豉1汤匙，大蒜5瓣。

调料 白胡椒粉、盐各2克，糖5克，香油、淀粉、生抽各适量。

做法

1. 排骨剁小块，泡入清水中大约1小时，用手不断揉捏排骨洗净血水，洗净后的排骨沥干水分。

2. 豆豉在清水中漂洗干净；蒜切末。

3. 排骨块加入全部调料抓匀。

4. 将豆豉、蒜末撒在排骨上面，放笼屉内，用大火蒸30分钟即可。

晚餐组合：馒头+清蒸酸梅鱼+凉拌豇豆

清蒸酸梅鱼

 鲈鱼500克，乌梅30克，红辣椒20克。

调料 大葱10克，盐3克，姜、料酒各5克。

做法

1.乌梅用3杯水熬成1杯水备用；把姜、红辣椒、大葱切成细丝；鲈鱼清洗干净后对剖，撒上盐略腌。

2.将水煮沸，再把鲈鱼放入蒸锅中蒸12分钟。

3.油入锅将姜丝、红辣椒丝、葱丝爆香，淋入料酒和乌梅汁，烧开后浇在蒸好的鲈鱼上，即可。

凉拌豇豆

材料 豇豆250克，青椒丝、红椒丝各25克。

调料 蒜3瓣，醋、香油、盐各2克，白糖5克，麻油少许。

做法

1.将豇豆去根洗净，切成寸段；将蒜去皮洗净，剁成蒜末备用。

2.坐锅点火，加入适量清水烧沸。倒入豇豆段，盖锅煮5～8分钟，用漏勺捞出沥干（注意，一定要煮熟，不然，生的豆角会引起中毒）。

3.将豇豆倒入盘中，加上青椒丝、红椒丝和蒜末，再加入醋、白糖、盐、麻油，拌匀即可食用。

早餐组合：火腿寿司+皮蛋瘦肉粥

火腿寿司

材料 糯米、火腿各200克，黄瓜1根，鸡蛋1个，紫菜1张。

调料 沙拉酱、白醋各2汤匙。

做法

1.黄瓜切条放少部分的白醋腌晾制；糯米蒸熟后，倒入剩下的白醋，拌匀放凉；蛋打匀放少量油摊成蛋饼，切丝；火腿切条。

2.准备好竹帘，放上紫菜，把糯米饭铺在紫菜上并压平，不过不要太用力，不然紫菜会被压爆，然后涂一层沙拉酱，把火腿条、黄瓜条、蛋丝摆上卷起，卷起来的时候尽量压紧，切成小段即成。

皮蛋瘦肉粥

材料 瘦肉丝、粳米各100克，香菇4朵，皮蛋2个，葱花、姜末各5克。

调料 盐、香油、白胡椒粉各3克。

做法

1.粳米淘洗干净；将肉丝用盐、香油、白胡椒粉腌制15分钟；香菇洗净后切丁；皮蛋去皮切丁。

2.将粳米放入锅中，加入适量水大火煮沸，放入香菇丁、肉丝、皮蛋丁，小火煮20分钟，加盐、白胡椒粉、香油、葱花、姜末调味即可。

午餐组合：苹果肉酱面+山药红枣炖排骨+雪菜炒黄豆+茭白炒鸡蛋

苹果肉酱面

材料 意大利面200克，瘦肉馅100克，洋葱50克，苹果100克，胡萝卜、青豆、西蓝花各30克。

调料 番茄酱1汤匙，盐1茶匙。

做法

1. 意大利面煮熟，过冷水沥干；苹果、胡萝卜洗净切丁；青豆、西蓝花洗净烫熟。

2. 洋葱切丝入油锅炒香，加肉末炒熟，放入所有的材料和调料炒匀即成肉酱。

3. 将肉酱浇在煮好的意大利面上即可。

贴心提示

意大利面的主要营养成分有蛋白质、碳水化合物、维生素等，可以减少人体内的胆固醇堆积，改善冠状动脉的情况。

山药红枣炖排骨

材料 山药、排骨各200克，红枣15颗，枸杞子10克，姜1小块。

调料 料酒、白醋各10毫升，盐2克。

做法

1. 山药去皮，切大块；红枣和枸杞子均洗净，备用。

2. 将排骨块放入开水中焯去血水，姜用刀背拍破，然后一起放入汤煲，加足够的清水和少许料酒和白醋，开大火，待汤沸腾转中火煲15分钟后把上述备用材料放入，滚沸后转小火，炖20分钟，再加入盐，即可出锅。

雪菜炒黄豆

材料 泡发的黄豆200克，雪菜80克，姜末5克。

调料 味精1克，盐2克，白糖5克，料酒5克，香油少许。

做法

1.泡发的黄豆漂洗干净；雪菜洗净挤干，切成1厘米长的段。

2.炒锅放油烧热，放入姜末，炸出香味，放入雪菜段，翻炒一下，放入黄豆、白糖、料酒，看锅里的干湿情况酌情加一点水，加盖小火焖到黄豆熟。

3.放入味精，淋入香油炒匀即可。

茭白炒鸡蛋

材料 鸡蛋2个，茭白100克。

调料 熟猪油1茶匙，葱末5克，高汤200克，盐1茶匙。

做法

1.将茭白洗净、去皮，切成粗丝；鸡蛋打入碗内，加一点儿盐，搅拌匀。

2.将熟猪油放入锅内，待油烧至六成热，放入茭白丝翻炒几下，加入盐、高汤，收干汤汁时，即可盛入碗中。

3.再将锅内加入一点植物油，烧热后炒熟鸡蛋，然后将炒过的茭白下锅，加入葱末一起炒拌，使茭白丝和蛋松碎即可。

晚餐组合：米饭+橙子沙拉+清蒸带鱼+青椒豆腐丝

橙子沙拉

材料 鲜橙子400克，哈密瓜、西瓜、香蕉各适量。

调料 沙拉酱适量。

做法

1. 橙子去皮，切碎；哈密瓜、西瓜均去籽，取果肉切块；香蕉切块。

2. 将哈密瓜块、西瓜块、香蕉块盛入碗中，撒上碎橙子，拌入沙拉酱即可。

清蒸带鱼

材料 新鲜带鱼500克。

调料 盐1茶匙，料酒1汤匙。

做法

1. 带鱼去头尾，去腮和肠杂后，用温水洗净，切段。

2. 将带鱼段加盐拌匀后，加入料酒，再淋入花生油，放入盘中。

3. 将带鱼放入锅中蒸20分钟即可。

青椒豆腐丝

材料 青椒100克，豆腐皮400克。

调料 盐2克，香油少许，味精1克。

做法

1. 将青椒去蒂、籽，洗净，切成细丝；豆腐皮洗净，切成细丝。

2. 将青椒丝、豆腐丝分别放入沸水中焯一下后捞出，沥干水分后倒入盘里，加入适量香油、盐、味精拌匀，盛盘即可。

孕五月

适当补铁谨防贫血

第17周 牛肉，补铁又健身

准妈妈孕期贫血的主要表现有：经常感到疲劳，即使活动不多也会感到浑身乏力；偶尔会感觉头晕；面色苍白；指甲变薄，而且容易折断；呼吸困难；心悸、胸痛等。

缺铁性贫血在孕期准妈妈中最为常见，一般在怀孕第5~6个月期间易发生。

预防孕期缺铁性贫血，应多进食含铁的食物，如瘦肉、蛋黄、菠菜、动物肝脏、干果等，红肉中如牛肉、羊肉含铁也较高，怀孕中期每天100克，后期可以增加到125~150克；因为与维生素C同时吃可以促进吸收，因此平时可多吃一些绿色蔬菜；红枣含铁及维生素C都比较高，可每天坚持吃8~10粒。

五彩牛肉粒

材料 牛里脊、豌豆各200克，红椒、黄椒各半个，姜2片，干辣椒5个。

调料 料酒1匙，生抽1匙，干淀粉5克，蚝油2匙，盐3克。

做法

1.牛里脊切成小丁，放入碗中，倒入料酒、生抽和干淀粉抓匀，腌制10分钟。

2.豌豆去皮洗净（或用冷冻豌豆），放入沸水中烫熟，捞出后沥干备用；红、黄椒切成小丁。

3.炒锅中倒入油，待七成热时，放入干辣椒和姜片爆香，然后放入牛肉粒翻炒2分钟，脱生后倒入豌豆和红、黄椒丁，再调入蚝油和盐，翻炒几下即可出锅。

第18周 巧做猪肝更好吃

猪肝含有丰富的铁、磷，它是造血不可缺少的原料，猪肝中富含蛋白质、卵磷脂和微量元素，有利于儿童的智力发育和身体发育。猪肝中含有丰富的维生素A，常吃猪肝，可逐渐消除眼科病症。据近代医学研究发现，猪肝具有多种抗癌物质，具有较强的抑癌能力。

猪肝拌黄瓜

材料 熟猪肝150克，嫩黄瓜100克。

调料 姜末、蒜末各5克，香油、醋各1茶匙，盐2克。

做法

1.将熟猪肝切丝，黄瓜洗净切丝；先将黄瓜丝放在盘中，猪肝丝放在上面。

2.将盐、醋、香油、蒜末、姜末调匀，食用时淋在猪肝丝、黄瓜丝上拌匀即可。

贴心提示

猪肝所含有的维生素B_2是对机体重要的辅酶。还含有一般肉类食品不具有的维生素C、硒等，能增强人体的免疫能力，抗氧化、防衰老。

第19周 猪血，含铁丰富

从本月开始，可适量增加富含铁的食物。这类食物有动物血、肝脏和瘦肉、蛋类等，豆制品含铁量也较多，需要注意摄取。猪血中含铁量较高，而且以血红素铁的形式存在，容易被人体吸收利用，孕妇和哺乳期妇女应多吃些有动物血的菜肴。猪血含有维生素K，能促使血液凝固，因此有止血作用。

猪血的营养十分丰富，素有"液态肉"之称。据测定：每100克猪血含蛋白质16克，高于牛肉、瘦猪肉蛋白质的含量，而且容易消化吸收。猪血蛋白质所含的氨基酸比例与人体中氨基酸的比例接近，非常容易被机体利用，因此，猪血的蛋白质在动物性食品中最容易被消化、吸收。

猪血豆腐汤

材料 猪血、豆腐各100克，香菜末20克。

调料 料酒1汤匙，盐、胡椒粉各少许，高汤100克。

做法

1. 猪血、豆腐切小块入开水焯后备用。

2. 热锅入油，油温后下焯过水的猪血块、豆腐块滑炒；烹料酒去腥，倒入高汤（也可用清水加鸡精代替），加盐、胡椒粉调味。

3. 大火煮开后撒入香菜末即可。

第20周 补钙，预防腿抽筋

怀孕后，尤其是孕中期，准妈妈每天钙的需要量增为1200毫克。如果膳食中钙及维生素D含量不足或缺乏日照，还会加重钙的缺乏，从而增加肌肉及神经的兴奋性。而夜间血钙水平比日间低，所以小腿抽筋常在夜间发作。

食补是孕期补钙的有效途径。准妈妈应从怀孕的第5个月开始，在饮食中有意增加富含钙质的食物量，特别是孕吐反应剧烈的准妈妈更要加强。准妈妈必须每天喝250毫升牛奶或酸奶，其中不但钙质丰富，而且吸收率高。此外，宜多吃富含钙的食物，如鸡蛋、豆制品、小鱼干、虾米、虾皮、藻类、贝壳类水产品、鳗鱼、软骨等均为含钙较高的食品，准妈妈不妨经常食用。

白灼基围虾

材料 活基围虾400克，葱花、姜末、姜片各5克。

调料 生抽2汤匙，味精2克，料酒10克，清汤适量。

做法

1. 基围虾洗净，锅中放适量水，加入料酒、姜片烧开，放入基围虾，煮至虾刚熟即捞出装盘。

2. 锅中倒少许油烧至八成热，放入葱花、姜末、生抽、味精、清汤稍煮，制成调味汁以供蘸食。

🍴 贴心提示

剥虾后手上腥味难以洗去，事先准备柠檬水或白菊花水洗手可以除去腥味。

早餐组合：凉拌茄子+八宝粥+煮鸡蛋

凉拌茄子

材料 长茄子300克，香菜、蒜末、辣椒碎各10克。

调料 酱油2汤匙，糖、香油各1汤匙。

做法

1. 将茄子洗净，切成段，放入盘中入蒸锅蒸熟。

2. 将全部材料、调料拌匀，浇在蒸好的茄子上，拌匀即可。

🥄 贴心提示

茄子是紫色蔬菜，在皮中含有丰富的维生素E、维生素P，可降低血液中的胆固醇。还具有清热、活血、通便的功效，准妈妈应经常食用。

八宝粥

材料 黑糯米100克，红豆、莲子各20克，桂圆5只，老姜2片。

调料 红糖1汤匙，黑芝麻适量。

做法

1. 先将黑糯米、红豆洗净，泡水4小时。

2. 将黑糯米、红豆、莲子、桂圆、老姜放入锅中混合加水用大火煮沸后转中火煮30分钟。

3. 再加入黑芝麻、红糖煮1小时。

午餐组合：红烧鸡腿饭+口蘑炒草菇+乌鸡白凤汤

红烧鸡腿饭

材料 鸡腿400克，黄瓜250克，葱段、姜片各5克，大米30克。

调料 生抽、老抽各5毫升，料酒10克，糖、盐各3克，大料、花椒各1茶匙。

做法

1.鸡腿洗净，放入锅中除去血水，捞出用热水冲洗干净。

2.把鸡腿放入电高压锅中，放入葱段、姜片和所有调料，搅拌均匀，盖上盖。

3.大米洗净，放入电饭煲中，浸泡20

分钟后再接通电源煮熟。

4.把高压锅的旋钮调至肉类挡，插上电源，待显示屏显示"保温"时，拔出电源，待凉；黄瓜洗净，切片，备用。

5.20分钟后，打开锅盖，把汤和鸡腿倒入炒菜锅中，大火烧开，待汤汁黏稠时熄火。

6.米饭盛入碗中，把鸡腿直接盛放到米饭上或去骨切片后放到米饭上，浇上烧鸡腿的汤汁，配上黄瓜片一起食用。

口蘑炒草菇

材料 口蘑100克，草菇150克，红甜椒、绿甜椒各1个。

调料 盐3克，白糖5克，味精1克。

做法

1.把口蘑、草菇洗净，分别汆烫并切块；红、绿甜椒均洗净，切块。

2.炒锅放油烧热，放入草菇、口蘑翻炒2分钟，再放入红椒块、绿椒块。

3.加入盐、白糖、味精炒匀即可。

乌鸡白凤汤

材料 乌骨鸡750克，白凤尾菇50克，葱、姜各5克。

调料 料酒10克，盐少许。

做法

1.乌骨鸡洗净，切块；葱切段，姜切片。

2.锅中清水煮沸，放入乌鸡块，加料酒、葱段、姜片，小火焖煮至酥，放入白凤尾菇，加盐调味后煮沸3分钟即可。

晚餐组合：荞麦冷面+土豆烧鸡翅+笋尖炒香菇

荞麦冷面

材料 荞麦冷面、牛里脊各200克，黄瓜半根，煮鸡蛋1个，梨2片，香菜1棵，大蒜3瓣，蒜末5克，葱白1大段。

调料 辣椒酱15克，生抽15毫升，糖5克，白醋20毫升，牛肉粉3克，盐1克，雪碧20毫升。

做法

1. 牛肉清洗干净后，放入锅中，倒入可以没过牛肉的冷水，放入大蒜、葱白，大火煮开后，撇掉浮沫，转小火煮30分钟后关火，将牛肉取出，汤自然冷却。

2. 将荞麦面放入冷水中浸泡30分钟泡软，然后放入开水锅中煮1分半。煮好后捞出，

在清水中轻轻的，反复搓洗掉黏液备用。

3. 把冷却好的牛肉汤上面的浮油撇掉，再将牛肉汤用筛子过滤一遍，接着放入生抽、糖4克、白醋15毫升、牛肉粉、盐，最后倒入雪碧调匀，冷面汤就做好了。

4. 在辣椒酱中倒入白醋5毫升、蒜末、糖1克，拌匀。

5. 黄瓜洗净切成细丝；牛肉切成薄片；煮好的鸡蛋对半切开；香菜洗净后切小段。

6. 大碗中先放入冷面，然后再放入梨片、黄瓜丝、半个鸡蛋、牛肉片、香菜段，接着放一勺调好的辣酱，最后倒入冷面汤。

土豆烧鸡翅

材料 鸡翅200克，土豆（黄皮）150克。

调料 料酒10克，酱油5克，盐3克，八角、花椒各5克，干、红辣椒2个，鸡精2克，大葱10克，姜8克，糖5克。

做法

1. 将鸡翅用料酒、酱油、盐、八角、花椒、干红辣椒腌制1～2小时。

2. 将土豆洗净去皮，切成块状，用清水洗2～3次，放好备用。

3. 葱切段，姜切片；将油烧热放入糖，待油把糖化开，成泡沫状，把鸡翅倒入锅内翻炒，并把葱段、姜片倒入一起翻炒。

4. 倒入水，将鸡翅淹过，加盖大火烧15分钟左右后，待鸡翅呈八成熟，加入土豆块，继续大火焖烧。

5. 10分钟左右，土豆烧熟，加鸡精调味即可。

笋尖炒香菇

材料 笋尖300克，香菇100克。

调料 酱油5克，白糖5克，水淀粉10克，盐3克。

做法

1. 笋尖切除老硬，余烫，捞出；香菇去蒂，切好。

2. 锅中放入油，炒香香菇；放入笋尖同炒后，加清汤烧开，并加入酱油、白糖和盐调味。

3. 烧入味，并待汤汁稍收干时，加水淀粉勾芡即可盛出。

> **贴心提示**
>
> 笋中含有草酸，患有严重胃溃疡、胃出血、慢性肠胃炎以及泌尿系结石的孕妇慎用。

17～20周三餐食谱推荐　2

早餐组合：南瓜饼+山药薏米红枣粥

南瓜饼

材料　南瓜150克。

调料　白砂糖100克，糯米粉120克，澄粉25克，豆沙50克。

做法

1.将南瓜去皮、去籽，洗净，切成小块；放蒸锅蒸熟（也可包上保鲜膜，用微波炉加热10分钟左右）。

2.用勺子将熟南瓜肉碾成泥状，加糯米粉、澄粉、白砂糖，和成面团；将面团分成若干小剂子，包入豆沙馅成饼坯。

3.将饼坯放入平底锅煎熟即可。

山药薏米红枣粥

材料　山药、薏米各50克，大米25克，红枣5颗。

做法

1.山药去皮，切滚刀块；大米、薏米均淘洗干净；薏米先用温水泡半小时；红枣泡软后，去核。

2.将所有材料放入锅中加适量水，煮开后，再用小火煮至米烂即可。

> 贴心提示
>
> "红枣有补中益气，养血安神"之功效。红枣中的高维生素含量，对人体毛细血管有保护作用。

午餐组合：猪肉韭菜馅水饺+蒜蓉粉丝蒸扇贝

猪肉韭菜馅水饺

材料 面粉100克，猪肉、韭菜各50克。

调料 酱油5克，姜末、盐少许，香油10克。

做法

1.先用水把面粉和成面团，稍硬点，放置30分钟后备用。

2.猪肉洗净剁成馅，加入香油、酱油、姜末、盐调好；把韭菜择洗干净，沥去水，切碎与肉馅调匀，即成馅料。

3.把面团做成剂子，擀成饺子皮，将馅料包入。

4.锅置火上，放入清水，烧开后，放入水饺，煮开后，要略放点冷水，如此三次即可捞出食用。

蒜蓉粉丝蒸扇贝

材料 扇贝10个，粉丝50克，葱花、姜末、蒜蓉各5克。

调料 白糖、豉汁各5克，盐1茶匙，熟油少许。

做法

1.粉丝剪断，用沸水泡软；用小刀把扇贝肉从贝壳上剔下，扇贝壳排入大盘中，扇贝肉留用。

2.取一小碗，放入白糖、豉汁、蒜蓉、姜末、盐拌匀。

3.把粉丝放在贝壳上，依次放入扇贝肉，淋入拌好的调料，上笼大火蒸约5分钟后取出，撒上葱花，再浇上少许熟油即可。

晚餐组合：煎饺+蔬菜沙拉+乌梅粥

煎饺

材料　中午吃剩的饺子。

做法

平底锅放入两汤匙油，烧热至七成热时，放入饺子，逐个煎至两面金黄即可。

蔬菜沙拉

材料　生菜、小番茄各100克，芦笋50克，青椒1个。

调料　盐2克，香油1茶匙。

做法

1.生菜洗净，掰成小块；小番茄洗净，切两半。芦笋去除老根，洗净，切小段，用水烫熟；青椒洗净，切丝。

2.把所有材料放在一个容器中，放入盐、香油拌匀即可。

乌梅粥

材料　乌梅10粒，大米75克。

做法

1.将乌梅洗净后煎取浓汁后去渣；大米洗净。

2.用乌梅汤煮粥，粥熟即可。

早餐组合：菠菜鸡蛋小米粥+蜜汁红薯+牛奶

菠菜鸡蛋小米粥

材料 菠菜100克，鸡蛋1个，小米30克。

做法

1.将菠菜去除黄叶，连根洗净后，放入滚水中氽烫，待凉后切成数段，盛入碗中备用。

2.将小米放入锅中，煮沸25分钟，然后打入蛋花。

3.将菠菜段放入蛋花小米粥中即可。

> **贴心提示**
>
> 菠菜中含有丰富的维生素A、B族维生素、维生素C，能润肠通便。鸡蛋中丰富的卵磷脂，能促进宝宝大脑发育，有很好的益智功效。

蜜汁红薯

材料 红心红薯500～750克。

调料 蜂蜜、冰糖各适量。

做法

1.先将红薯洗净去皮，切去两头后切成条。

2.锅内加水，把冰糖放入熬成汁，然后放入红薯条和蜂蜜；待烧开后弃去浮沫，用小火焖熟；等到汤汁黏稠时先把红薯条夹出摆盘中，再浇上原汁即可。

> **贴心提示**
>
> 红薯含糖、蛋白质、多种维生素，以及钙、磷、铁等。具有健脾、益气、通乳、润肠通便之功效。妊娠糖尿病患者忌食。

午餐组合：牛肝菌火腿焖饭+胡萝卜烧肉+橙汁

牛肝菌火腿焖饭

材料 牛肝菌10克，火腿30克，胡萝卜1根，青葱2根，大米250克。

调料 盐2克，橄榄油1汤匙。

做法

1. 牛肝菌用温水泡发后洗净切碎；胡萝卜去皮洗净后切碎；火腿切成小薄片；青葱洗净后切碎。

2. 大米淘洗干净，添加适量清水，水位以米平面，到中指第一个关节处即可。

3. 将切碎的牛肝菌、胡萝卜、火腿、青葱和盐倒入大米中搅拌，再倒入橄榄油搅拌均匀，盖上盖子，按下电饭煲开关，待弹起后即可。

胡萝卜烧肉

材料 五花肉200克，胡萝卜150克。

调料 料酒、生抽各1汤匙，老抽2茶匙，大料3瓣，桂皮1块，干辣椒3个，姜片、香葱段各适量，冰糖5粒，盐少许。

做法

1. 五花肉、胡萝卜分别切块。锅中烧开适量清水，将五花肉放入开水中煮变色，捞出洗净沥干待用。

2. 炒锅烧热，放入油，转小火放入冰糖煮化，倒入焯过的肉块，翻炒均匀后加入料酒、生抽、老抽炒匀。

3. 加入开水，没过肉，烧开。放入姜片、葱段、大料、桂皮、干辣椒，加盖转小火，炖30分钟。加入胡萝卜块，翻炒均匀，加盖用小火将胡萝卜炖软，最后加盐调味即可。

晚餐组合：小馒头+香辣豆腐+豆豉牛肉片

香辣豆腐

材料 豆腐200克，胡萝卜50克，青椒30克，水发木耳20克，葱末、蒜片、姜丝各适量。

调料 酱油、豆瓣酱各10克，水淀粉1汤匙，料酒、白糖各8克，醋5克，盐1茶匙，味精1克。

做法

1. 豆腐洗净切片；胡萝卜、青椒洗净切片；木耳去根洗净，撕成小朵。

2. 炒锅倒油烧至五成热，爆香葱末、蒜片、姜丝，加入豆瓣酱煸炒至出红油，放入豆腐片、青椒片、胡萝卜片、木耳同炒，加白糖、酱油、料酒、醋、盐、味精煸炒，待汤汁变稠时用水淀粉勾芡即可。

豆豉牛肉片

材料 牛腿肉400克，姜10克，蒜20克，葱25克。

调料 淀粉、豆豉、白糖各10克，味精2克，盐3克，黄酒15克，水淀粉5克。

做法

1. 牛腿肉切成薄片，加入少许盐拌一拌；姜切成薄片；豆豉、蒜分别剁成细末。

2. 烧热锅放入生油，待油温达五六成热时，放入牛肉片、姜片滑熟后倒出。用原锅放入蒜末、豆豉末煸炒，待发出香味后，加入葱段略煸炒香，再加入黄酒、水、盐、白糖、味精、下淀粉勾芡后放牛肉片、姜片，炒匀取出装盘即可。

17～20周三餐食谱推荐 4

早餐组合：海参白果粥+西葫芦蛋饼

海参白果粥

材料 粳米100克，白果10颗，海参2只。

调料 盐、胡椒粉各3克。

做法

1. 白果去壳；海参泡发后剪开肚子，去掉顶头的沙包，冲洗干净，切段。

2. 粳米淘洗干净，放入锅中加适量水煮沸，转小火煮15分钟后，加入白果、海参段，中火煮15分钟，调入盐、胡椒粉，即可。

西葫芦蛋饼

材料 西葫芦500克，鸡蛋60克，面粉200克，大蒜3瓣。

调料 盐3克，香油少许，酱油、醋各10克。

做法

1. 西葫芦洗净后切去两头的硬蒂，对半切开，用擦丝板擦成细丝，调入盐搅拌后，放置10分钟，直到出汤。

2. 打入一个鸡蛋搅散，再倒入香油，分几次调入面粉搅拌，调成糊状。

3. 平底锅中倒入少许油，加热至七成热时，调成中火，倒入面糊，双面烙成金黄色即可。

4. 蒜捣成蓉，加入酱油、醋调成蘸汁，吃时蘸汁。

午餐组合：凉拌米粉+雪菜冬笋豆腐汤+梅干菜扣肉

凉拌米粉

材料 米粉100克，肉末200克，洋葱1个，蒜苗50克，姜末5克。

调料 酱油1汤匙，盐2茶匙，香油1茶匙。

做法

1. 米粉放入水中煮至没有硬心，捞出，立即过凉水，反复几次后再浸泡在冷水中。

2. 洋葱洗净切粒；蒜苗洗净切段。

3. 炒锅烧热，放入油，把肉末炒至变色，放入姜末、酱油炒匀，盛出。

4. 锅中再放少许油，炒香洋葱粒，再把蒜苗段倒入一起炒匀，把炒好的肉末放入，炒拌均匀后盛出，作为酱料备用。

5. 把米粉捞出放在盘中，调入炒好的酱料，拌匀即可。

雪菜冬笋豆腐汤

材料 豆腐250克，雪里蕻100克，猪肉馅、冬笋各50克，姜片、蒜片各5克。

调料 料酒、生抽各1茶匙，盐、白胡椒粉各1/2茶匙。

做法

1. 将雪里蕻洗净，切碎；豆腐切块；冬笋切块，汆烫备用；肉末淋入料酒、生抽拌匀，腌5分钟。

2. 锅烧热，倒入油，把肉末煸炒至变色后改小火，放入姜片、蒜片，煸出香味后倒入雪里蕻炒2分钟。雪里蕻炒透后，倒入水大火煮开，放入豆腐块、笋块，改成中火煮5分钟。最后调入盐和白胡椒粉搅匀即可。

梅干菜扣肉

材料　带皮五花肉300克，梅干菜20克。

调料　酱油10克，料酒8克，白糖15克，蒜片、葱段、姜片、盐各适量。

做法

1.先将清洗后的五花肉放入冷水锅中煮至七八分熟（也可用高压锅），捞出用刀刮去肉皮上的油，用纸巾擦干，趁热抹上酱油、料酒，放一会儿备用。

2.锅内倒油，烧至七分热时将五花肉放入油中炸（肉皮朝下），炸至肉皮起小泡，捞出沥油。

3.锅留少许油，下姜片、蒜片、葱段，炒至出味，放入炸好的五花肉，加入料酒、酱油、白糖、盐、适量清水，用小火焖15分钟，然后收浓卤汁，冷却。

4.冷却后的五花肉切成薄片，整齐地码在碗底，再把泡软、洗净的梅干菜铺在肉上，上笼蒸至肉酥烂，沥出卤汁，扣入盘中，最后把卤汁浇在扣肉上。

贴心提示

准妈妈要让肌肤保持一定的弹性，肌肤的胶质纤维越多，产生妊娠纹的机会就越少。五花肉含有丰富的胶原蛋白，孕期可以适量吃一些，以保障肌肤的弹性。

晚餐组合：清蒸平鱼+红椒雪菜炒腐皮+小炒米线+馄饨汤

清蒸平鱼

材料 平鱼1条约250克。

调料 蒸鱼豉油、色拉油、葱丝、姜丝，青椒丝、红椒丝各适量。

做法

1.将鱼宰杀清洗干净去内脏，在鱼身上切菱形刀块；取一个盘子，盘底铺上葱丝、姜丝，将鱼放在上面，然后在鱼上面也放上葱丝、姜丝。

2.蒸锅烧水，水开后将处理好的鱼放进蒸锅，大火蒸8分钟出锅。

3.拿掉鱼身上已经蒸熟的葱姜丝，在鱼身上摆上新鲜的葱丝、姜丝、青椒丝、红椒丝。

4.将蒸鱼豉油放到小碗里，用微波炉加热，然后浇在鱼上。

5.最后将色拉油烧开浇在鱼上即可。

红椒雪菜炒腐皮

材料 雪菜100克，豆腐皮200克，红辣椒1个，葱末、姜末各适量。

调料 盐、味精各少许。

做法

1.雪菜略氽烫，沥水后切碎；豆腐皮切好；红辣椒切末。

2.先炒雪菜末，盛出后另起锅，将红辣椒末、姜末、葱末炒香，再放入雪菜末和豆腐皮块略炒，加盐和味精调味，炒熟即可。

小炒米线

材料　籼米线（排米线）150克，肉末100克，韭菜50克，毛豆30克，圆白菜20克，姜末5克。

调料　盐4克。

做法

1.米线放入开水中焯熟，过冷水后沥干；毛豆洗净焯熟；韭菜洗净切段；圆白菜洗净切丝。

2.油锅烧热，放入肉末炒至变色，放入姜末、圆白菜丝，炒匀后盛出。

3.烧热油锅，放入米线及做法2的材料炒透，加入毛豆、韭菜段炒匀，加盐调味即可。

馄饨汤

材料　肉末200克，菠菜、馄饨皮各100克。

调料　海苔粉少许，盐1茶匙，香油少许，鸡汤适量。

做法

1.菠菜叶洗净汆烫后，切细末与肉末混合，加盐、香油拌匀，即为馅料。

2.取馄饨皮包入馅料，捏合。

3.水或鸡汤煮沸，放入馄饨煮熟，加少许海苔粉、香油调味即可。

孕六月

控制饮食，合理增加体重

第21周 少吃多餐，避免高热量食品

孕6月，准妈妈和胎宝宝的营养需要猛增，母体循环血量增加，很多准妈妈从这个月起更容易发生贫血。准妈妈应注意增加适当的营养，以保证身体的需要。饮食重点是控制饮食，合理增加体重。

饮食上应均衡摄取各类营养成分，以维持母体和胎宝宝的健康需要。尤其要控制摄取高热量的食品，以免增加腹部脂肪，影响产后康复。

胎宝宝在这个月发育很迅速，因此需要足够的热量、蛋白质和维生素；因为需要充足的血液供应，胎宝宝对铁的需求也增多了；由于胎宝宝大脑发育较快，所以需要为大脑提供充足的营养。

玉米沙拉

材料 玉米粒200克，苹果1个，香梨2个，小西红柿适量。

调料 沙拉酱适量。

做法

1.将玉米粒煮熟，捞出沥干，放凉后放入盘中。

2.苹果、香梨分别去皮，洗净，切块；小西红柿洗净，对半切开，然后与玉米一同放入盘中。

3.浇上沙拉酱，拌匀后即可食用。

> 🥄 贴心提示
>
> 玉米中的膳食纤维含量很高，能够刺激胃肠蠕动，加速排泄，预防便秘；玉米还能够增强人体的新陈代谢、有调整神经系统功能的作用。

第22周 注意饮食，预防便秘

准妈妈怀孕后胎盘分泌大量的孕激素，使胃酸分泌减少，胃肠道的肌肉张力下降及肌肉的蠕动能力减弱，这样，就使吃进去的食物在胃肠道停留的时间过长。由于食物在肠道内的停留时间过长，食物残渣中的水分又被肠壁细胞重新吸收，致使粪便变得又干又硬，难以排出体外。

过于精细的饮食也会造成排便困难，因此孕期要适当吃些富含膳食纤维的蔬菜、水果和粗杂粮。

多吃可促进排便的食物。苹果、香蕉、梨、葡萄、菠菜、黄瓜、海带、芹菜、韭菜、白菜、红薯、玉米等，可以促进肠道蠕动，软化粪便，从而起到润滑肠道，帮助准妈妈排便，有效预防便秘和痔疮的作用。

拔丝红薯

材料 红薯400克，鸡蛋1个。

调料 白糖100克，干淀粉、面粉各适量。

做法

1.红薯洗净，削去外皮，切成滚刀块；鸡蛋打入碗内，加适量水调匀，加面粉、干淀粉调成稀糊，将红薯块放入挂匀。

2.锅置火上，油烧至四成热，将红薯块逐个放入油中炸透后捞出，转大火将油烧至八成热，将薯块回锅，炸至金黄色，皮脆里软时关火捞出。

3.锅中留少许底油，烧热后下白糖，不停翻炒至糖化开，呈黄色小泡时，放入炸好的红薯块，翻两三个身，即可起锅。

第23周 吃对食物去水肿

孕中期，准妈妈常发生下肢水肿，多是由于胎宝宝发育、子宫增大、压迫盆腔血管、使下肢血液回流受影响所致，这样的水肿经过卧床休息后就可以消退。

遇到孕期水肿的准妈妈一定要注意自己的饮食，多吃蔬菜瓜果，少吃含盐量高的食物，这样有助于消肿。同时，必须改善营养结构，增加饮食中蛋白质的摄入，以提高血浆中血蛋白含量，改变胶体渗透压，以便于将组织中的水分带回到血液中。

冬瓜、鸭肉、荸荠等食物有利水消肿的功效，非常适合准妈妈食用。此外，鲤鱼、红豆、茯苓、芡实等，具有健脾补血的功效，能够补充气血，调理脾胃，有效预防水肿。

鲤鱼冬瓜汤

材料 鲤鱼750克，冬瓜200克，姜片6片，葱1根。

调料 盐3克，料酒10克，胡椒粉少许。

做法

1. 鲤鱼去鳞、鳃、鳍、内脏，洗净，下锅略煎至浅黄色；冬瓜去皮、瓤、籽，洗净切片；葱切段。

2. 锅中放清水，将鲤鱼、冬瓜片、盐、料酒、葱段、姜片放入，大火烧开，小火炖至鱼熟瓜烂，拣去葱段、姜片，加入胡椒粉调味即成。

> 贴心提示
>
> 冬瓜不含脂肪，含钠量低，利尿作用强，与利水轻身的鲤鱼结合，更具利尿解毒、清热补虚之效。

第24周 菌菇食品提升母子免疫力

菌菇不仅有着独特的香味和美味、口干爽滑，而且还是低热量高纤维的食品。

医学研究发现，菌菇类食物所含的多糖体对于免疫系统有强化的作用。在我国，菇类早已经入药，如灵芝、茯苓、香菇、马勃、雷丸、黑木耳等，都具有"补中益气"的功效。

菌菇类食物具有调节免疫机制的功能。原因在于其中的"高分子菇类多糖体"的作用，一定分子量与结构的多糖体能够被人体免疫系统辨识，进而活化免疫系统，达到预防疾病的效果。不同的菌菇类食物所含的多糖体在分子量和结构上也是不同的，因而使其功能更加多元和丰富，是促进人体，尤其是准妈妈和胎宝宝健康的宝库。

酸辣金针菇

材料 金针菇200克，黄瓜1根，辣椒丝20克，蒜末10克。

调料 麻油1/4茶匙，酱油、糖各1茶匙，醋2茶匙，蘑菇粉1/2茶匙。

做法

1.将金针菇氽烫，再用冰水冰镇后沥干。

2.黄瓜洗净切丝，备用。

3.将所有食材及调味料混合即可。

21～24周三餐食谱推荐 1

早餐组合：法式三明治+醪糟鸡蛋

法式三明治

材料 全麦面包片、火腿各2片，西红柿半个，生菜30克，鸡蛋1个。

调料 沙拉酱适量。

做法

1.锅中倒入清水，大火煮沸后，轻轻放入鸡蛋，煮大约5分钟。冷却后，去皮切成片状。

2.把西红柿和生菜均洗净，西红柿切片，生菜撕成大小适度的片，将全麦吐司面包放入面包炉中烤至自己喜欢的焦度后取出。

3.将烤好的吐司放入盘中，上面放1片生菜、2片西红柿、2片鸡蛋、1片火腿，涂少许沙拉酱即可。

醪糟鸡蛋

材料 醪糟250毫升，鸡蛋1个。

做法

1.把醪糟倒入锅中，煮沸；鸡蛋打入碗中备用。

2.醪糟煮沸后，把鸡蛋倒入锅中，再煮沸，约2分钟后即可熄火。

午餐组合：照烧鲷鱼饭+黄瓜肉丁

照烧鲷鱼饭

（材料）米饭100克，鲷鱼片150克，姜片、葱段各5克。

（调料）生抽、料酒各3汤匙，白砂糖1汤匙，蜂蜜2汤匙，干淀粉适量。

（做法）

1.把鲷鱼片解冻后加入姜片、1汤匙料酒，2汤匙生抽与1汤匙蜂蜜腌制半小时以上；将鱼片取出（腌料备用），两面拍上干淀粉，放入锅中煎至两面金黄。

2.把剩下的料酒倒入锅内稍微加热；加入白砂糖，至糖融化后，倒入酱油，小火煮开；加入腌鱼的料，放入煎好的鱼片，煮1分钟后翻面再煮1分钟左右。捞出鱼片，摆于米饭上。锅内料汁改大火，收干料汁至浓稠状，关火。淋于鱼片上即可。

黄瓜肉丁

（材料）黄瓜100克，猪肉200克。

（调料）葱花、姜丝各5克，盐3克，水淀粉、料酒各1茶匙。

（做法）

1.黄瓜、猪肉分别洗净切成小丁；将猪肉丁放入碗里，加入料酒、水淀粉抓拌均匀。

2.油烧热，将腌好的肉丁炒至八九分熟，盛入碗中。

3.锅中留底油，爆香葱花和姜丝，放入黄瓜丁翻炒，放盐，再将炒好的肉丁放一起，翻炒均匀即可。

晚餐组合：米饭+锅塌三文鱼+虾菇油菜心

锅塌三文鱼

材料 挪威三文鱼300克，鸡蛋2个。

调料 盐1茶匙，柠檬汁1汤匙，高汤200毫升，干淀粉50克，黑胡椒粉1/4茶匙。

做法

1.将三文鱼切成3厘米宽、5厘米长的厚片，撒上盐和柠檬汁腌制一会儿蘸上薄薄的一层干淀粉，轻拍掉多余的淀粉，备用。

2.鸡蛋打散后，倒一半在平底盘中，将三文鱼片平铺在蛋液里裹均匀。

3.锅烧热后放入油，大火加热，待油六成热时，放入三文鱼铺平，再将剩余的蛋液倒在鱼上面。蛋液能没过三文鱼表面薄薄的一层最好，用小火煎到两面都变黄定型后，加入高汤，用中火煮沸，加入盐、黑胡椒调味，最后转成大火收干即可。

虾菇油菜心

材料 鲜香菇50克，鲜虾仁100克，油菜心80克。

调料 盐、蒜末、植物油各少许。

做法

1.将油菜心、香菇、虾仁均洗净，分别放入沸水中氽烫，捞出过凉水，沥干备用。

2.锅中植物油加热后，加蒜末炒出香味，依次加入香菇、虾仁、油菜心煸炒，炒出香味后，加一点儿盐调味即可。

🍴 贴心提示

油菜心病害少，更环保，富含热量、蛋白质、钙、维生素A等，是一种营养蔬菜。

21～24周三餐食谱推荐 ②

早餐组合：豆沙包+香橙蒸蛋+麻香芦笋+牛奶

香橙蒸蛋

材料 橙子100克，鸡蛋120克。

调料 白糖1茶匙。

做法

1.鲜橙用手掌轻揉5分钟，再切成两半，掏出橙肉，橙皮做成盛器；将橙肉放入榨汁机内打成橙汁，滤去果肉渣。

2.鸡蛋打入碗内，加入白糖，打散成蛋液，与橙汁混合均匀；分别将蛋液倒入两只橙皮中，倒至八分满，放入盘中，盖上一层保鲜膜备用。

3.烧开锅内的水，放入橙皮蛋液，加盖以中火隔水清蒸10分钟；取出蒸好的鲜橙蒸蛋，撕去保鲜膜，即可上桌。

麻香芦笋

材料 鲜芦笋200克。

调料 盐2克，芝麻酱5克。

做法

1.将鲜芦笋削去老皮，洗净后切条。

2.将切好的芦笋放入沸水中焯一下，捞出沥干水分。

3.加入适量的盐、调稀的芝麻酱拌匀即可。

> 贴心提示
>
> 芦笋含有维生素A、维生素B_1、维生素B_2、烟酸，以及多种微量元素，有调节免疫功能、抗肿瘤、抗疲劳、抗寒冷、耐缺氧、抗过氧化等保健作用。

午餐组合：米饭+土豆烧豆腐+芹菜炒鳝鱼+苹果

土豆烧豆腐

材料 豆腐250克，土豆50克。

调料 葱、姜、盐、花椒水、酱油、香菜各适量，高汤200毫升。

做法

1.土豆切成滚刀块；豆腐切成菱形与土豆块大小相仿；葱、姜、香菜切末。

2.油锅烧至八成热，分别放入豆腐块、土豆块炸成金黄色，出锅，沥尽油。

3.炒锅再次放油少许，放入葱末、姜末炒香，加入酱油，花椒水、高汤，放入炸好的土豆块，开锅后再放入炸好的豆腐块、盐，改用小火焖约3分钟，撒上香菜末，即可出锅食用。

芹菜炒鳝鱼

材料 芹菜100克，鳝鱼150克。

调料 高汤100毫升，大葱5克，大蒜（白皮）10克，胡椒粉、花椒粉各2克，豆瓣酱15克，料酒、酱油各10克，白糖、姜、醋各5克。

做法

1.将鳝鱼切成丝；芹菜斜切丝，焯熟备用；姜、葱、蒜切丝。

2.锅置旺火上放入植物油加热后，放入鳝鱼丝，翻炒至半熟时加入料酒、豆瓣酱、姜丝、葱丝、蒜丝，再翻炒几下。

3.放入酱油、白糖、高汤，然后改微火煨之，待汁将尽时，加入醋翻炒。

4.最后放入焯熟的芹菜丝，炒匀后盛在碗里，撒上胡椒粉、花椒粉即成。

晚餐组合：米饭+冬菇烧白菜+怪味鸡块+鸡蛋花粥

冬菇烧白菜

材料 白菜200克，干冬菇20克。

调料 盐5克，食用油（炼制）10克，味精1克，高汤适量。

做法

1.用温水泡发冬菇，去蒂洗净；白菜洗净，切成3.5厘米段。

2.锅内油烧热，放入白菜段炒至半熟，再将冬菇放入，加入高汤和盐，盖上锅盖烧烂即成。

怪味鸡块

材料 鸡肉300克，番茄2个，黄瓜少许。

调料 芝麻酱10克，白芝麻、白糖各5克，醋1茶匙，酱油少许。

做法

1.番茄、黄瓜均洗净，切片排于碟边。

2.鸡肉去皮洗净，放入沸水中以慢火炖约12分钟至鸡肉熟，切块放在碟中。

3.将所有调料混合，淋到鸡肉上，撒上白芝麻即可。

鸡蛋花粥

材料 粳米100克，鸡蛋1个。

调料 盐适量。

做法

1.将粳米淘洗干净；鸡蛋磕入碗内。

2.锅置火上，放适量清水烧开，下粳米熬煮，粥将好时，把蛋液打散均匀地倒入粥内，稍煮片刻，加少许盐，搅匀即成。

21～24周三餐食谱推荐 ③

早餐组合：馒头+冰糖大枣粥+鲜蘑炒腐竹+葡萄沙拉

冰糖大枣粥

材料 糯米100克，大枣1颗。

调料 冰糖20克。

做法

1.大枣洗净去核；糯米淘洗净，入清水泡至米粒充分吸水膨胀。

2.将糯米、大枣与适量清水一同放入锅中，以大火煮沸，再转小火熬煮约30分钟至米烂粥稠，出锅前加入冰糖调味即可。

鲜蘑炒腐竹

材料 腐竹200克，鲜蘑100克。

调料 花椒2克，盐1茶匙，味精1克。

做法

1.将腐竹用温开水发好，洗净，把腐竹、鲜蘑分别氽烫后捞出，腐竹切段，鲜蘑切片。

2.锅置火上，放油烧热，放入花椒炸出香味。将鲜蘑和腐竹放入锅中拌炒片刻，加盐、味精调味即可。

葡萄沙拉

材料 火龙果100克，香瓜、葡萄各50克。

调料 柠檬汁10毫升，沙拉酱适量。

做法

1.火龙果挖出果肉，切小块；香瓜洗净切小块；葡萄洗净。

2.把火龙果、香瓜、葡萄放入容器，加入沙拉酱，淋入柠檬汁拌匀即可。

午餐组合：家常烫饭+五香兔肉

家常烫饭

材料 米饭200克，菠菜100克，金针菇50克，鸡蛋2个，葱花、姜丝各5克。

调料 盐1茶匙，鸡精3克，香油2滴。

做法

1.将菠菜、金针菇洗净；菠菜烫好挤去水，切段。

2.鸡蛋打进碗里，加入少许凉水打匀。

3.炒锅放油烧热，将鸡蛋炒熟，往锅内加开水，放入姜丝，烧开后加入金针菇，搅开，加入米饭，煮2分钟，放盐和鸡精，起锅前加上菠菜段和葱花，放入香油即可。

五香兔肉

材料 兔肉500克。

调料 酱油1茶匙，姜片5克，大料1瓣，丁香2克，白芷1克，小茴香、盐各3克。

做法

1.将兔肉切成大块，放在盆内，加入清水淹没，浸泡8小时左右，除去血水。

2.将兔肉洗净放在锅内加水淹没，放入全部调料，用旺火烧开，撇去浮沫，盖上锅盖，改用小火焖2小时左右。

3.待兔肉熟烂时即可捞出，趁热拆骨，放凉切好即可。

125

晚餐组合：米饭+海带炖鲫鱼+牛肉片炖卷心菜

海带炖鲫鱼

材料 鲫鱼300克，海带(鲜)20克。

调料 姜、大葱、料酒各10克，盐3克，花椒、味精各1克，高汤适量。

做法

1.海带水发透，切成丝；葱切段，姜切片；将鲫鱼去鳃和肠杂，留鳞，洗净；油锅烧热，把鲫鱼煎至略黄。

2.添入高汤，加入盐、姜片、葱段、花椒、料酒、海带丝炖煮40分钟，放味精调味即可。

贴心提示

孕妈妈常吃此菜，不仅对于身体极有好处，同时还有强健骨骼、美容洁肤之功效。

牛肉片炖卷心菜

材料 牛肉250克，番茄、卷心菜各150克。

调料 料酒3克，盐4克，味精1克。

做法

1.番茄清洗干净，切成方块；卷心菜择洗干净，切块。

2.将牛肉洗净，切成薄片，放入锅内，加清水至没过牛肉，旺火烧开，将浮沫撇去；放入料酒，烧至牛肉快熟时，再将番茄块、卷心菜块倒入锅中，炖至皆熟，加入盐、味精，略炖片刻，即可食用。

贴心提示

此菜具有健脾开胃，调理气血，生津止泻的作用。

21～24周三餐食谱推荐 4

早餐组合：小馒头+空心菜粥+去壳五香红茶卤蛋

空心菜粥

材料 空心菜200克，粳米100克。

调料 盐少许。

做法

1. 空心菜洗净，切细；粳米洗净。

2. 锅置火上，放适量清水、粳米，煮至粥将成时，加入空心菜、盐，再续煮片刻，即可。

贴心提示

空心菜含游离氨基酸及蛋白质、脂肪、糖类、粗纤维、胡萝卜素、维生素B₁、维生素B₂、维生素C、钙、铁、磷等。空心菜味甘，性寒而滑，有清热、解毒、凉血、利尿等功效。

去壳五香红茶卤蛋

材料 鸡蛋3～4个。

调料 桂皮2片，香叶3片，八角2瓣，红茶包1小包，花椒10粒，生抽2汤匙，老抽1汤匙。

做法

1. 鸡蛋煮熟去壳。

2. 冷水上锅，倒入花椒、八角、桂皮、香叶、红茶包，开中火煮，煮至水开后加入生抽、老抽接着煮，水再次煮开后，放入鸡蛋，卤汁的量以淹没鸡蛋为宜。

3. 小火煮15分钟后关火，鸡蛋在卤汁中浸泡几小时后取出，食用味道最佳。

午餐组合：茄香菜饭+焦熘黄鱼+鸡块冬瓜+爽口茼蒿

茄香菜饭

材料 大米250克，长条茄子120克，青椒50克。

调料 糖、盐、香油各1茶匙。

做法

1.将茄子去蒂洗净，切成斜片，浸泡在水中，要煮时再捞起沥干水分备用；青椒去蒂和籽洗净，切成丁。

2.将米洗净，沥干水分，加入1大杯水浸泡20分钟。

3.将茄子片、青椒丁、糖、盐、香油放在一起、稍微拌一下，放入电饭锅中与大米一起煮熟。电饭锅开关跳起后，先不要打开锅盖，继续焖20分钟左右。

焦熘黄鱼

材料 小黄花鱼400克，鸡蛋1个，面粉50克，葱丝、姜丝各10克。

调料 盐3克，味精2克，料酒1汤匙，白糖1汤匙，醋4克，酱油少许。

做法

1.黄花鱼洗净、控干水，用盐、味精、部分料酒腌一下；鸡蛋打散成蛋液；用酱油、盐、白糖、剩余料酒、醋、味精、清水调成芡汁备用。

2.将腌好的鱼蘸上面粉，再蘸上蛋液，下油锅煎成金黄色，取出控油。

3.锅中留少许底油，下葱丝、姜丝炒香，下入煎好的鱼，倒入芡汁颠翻两下即可出锅。

鸡块冬瓜

材料 鸡块100克，冬瓜300克。

调料 葱段、姜片各5克，盐2克。

做法

1. 锅内放清水烧开，将洗净的鸡块放入煮开，撇净浮沫，转文火炖煮，同时放入葱段、姜片。

2. 冬瓜洗净去皮，切成片，待鸡块煮至九成熟烂时，把冬瓜片放入再一起煮炖，待冬瓜片、鸡块都煮烂时用盐调味即可。

贴心提示

冬瓜含有丰富的钾及不能被身体迅速利用的果糖，可减少体内水分，有利尿、解毒的作用。孕中后期可经常吃些冬瓜，有利于消除水肿。

爽口茼蒿

材料 茼蒿250克，青葱1根，大蒜2瓣，黑芝麻1茶匙。

调料 盐、白糖各3克，香油5克。

做法

1. 茼蒿去掉根部，清洗干净后在清水中浸泡5分钟。大蒜压成蒜泥，青葱切碎。

2. 锅中倒入清水，大火煮开后，放入一半盐和2滴植物油搅匀，放入茼蒿焯烫1分钟后捞出，立刻放入凉水中，捞出充分沥干水分。

3. 茼蒿切成段，放入容器里，加入蒜泥、葱花、糖、香油和剩下的盐，拌匀后腌制10分钟，食用前，撒上黑芝麻即可。

豆腐鲤鱼

材料 鲤鱼400克，豆腐（北）150克。

调料 葱、姜各10克，酱油5克，盐1克，大蒜8克，豆瓣辣酱10克，料酒5克，味精2克，水淀粉8克，高汤适量。

做法

1.先将豆腐除去硬边、硬皮，切成细长条；葱、姜分别洗净，葱切葱花，姜切末；大蒜剥去蒜衣，洗净，切成蒜末；鲤鱼去鳞、内脏洗净，将鱼身两面各划2刀。

2.炒锅入植物油烧热，放入豆腐条炸至金黄色，捞出沥油。再将鲤鱼放入略炸捞起沥油。

3.锅中留少许油，将葱、姜、蒜炒香，再放入豆瓣辣酱翻炒，鲤鱼下锅，依次加入豆腐条、酱油、料酒、盐、味精、高汤一起煮开，5～8分钟后，将鱼捞出，置于盘中。

4.汤汁用水淀粉勾芡后，淋在鱼身上即可。

贴心提示

鲤鱼富含钙、磷营养素，刺少肉多，个大味美。具有健脾养肺、平肝补血之作用，常食鲤鱼对肝、眼、肾等均有好处，是孕妈妈的保健食品，营养价值极高。

土豆炖豆角

材料 土豆150克，豆角200克。

调料 姜末、蒜末各5克，盐3克，酱油1茶匙。

做法

1．土豆洗净，去皮，切长条；豆角洗净，切段。

2．炒锅上火将油烧热，放入姜末、蒜末爆香，倒入豆角翻炒至变色。

3．倒进土豆继续翻炒，放盐、酱油，加水盖上锅盖，烧至土豆和豆角熟烂即可。

胡萝卜炒猪肝

材料 猪肝300克，胡萝卜150克，青蒜2根，鸡蛋1个。

调料 酱油、水淀粉、料酒各1茶匙，盐3克，味精2克。

做法

1．胡萝卜洗净，切薄片；猪肝洗净，切片；青蒜洗净，切段。

2．猪肝加蛋清、水淀粉、料酒、酱油拌匀后，放热油锅中炸约3分钟，捞出。

3．锅留底油，煸炒青蒜段后加少许高汤，放盐、味精，用水淀粉勾芡，将猪肝片、胡萝卜片放入，炒匀即可。

孕七月

胎儿补脑关键期

第25周 多多补充"脑黄金"

这个月是胎宝宝脑细胞发育的敏感期，所以准妈妈要注意多补充DHA、EPA和卵磷脂等营养素（这三种营养素合在一起，被称为"脑黄金"），以保证胎宝宝大脑和视网膜的正常发育。"脑黄金"能预防早产，防止胎宝宝发育迟缓，增加出生时的体重。此时的胎宝宝神经系统正在逐渐完善，全身组织尤其是大脑细胞发育速度比孕早期明显加快，而充足"脑黄金"的摄入能保证胎宝宝大脑和视网膜的正常发育。

为补充足量的"脑黄金"，准妈妈可以交替地吃些富含DHA的物质，如富含天然亚油酸和亚麻酸的核桃、松子、葵花子、杏仁、花生等坚果类食品，此外还包括海鱼、鱼油等，这些食物富含胎宝宝大脑细胞发育所需要的必需脂肪酸，有健脑益智的作用。

爽口盆盆菜

材料 木耳50克，胡萝卜、生菜、圣女果各20克，黄瓜25克，紫甘蓝、鲜核桃仁各15克。

调料 盐3克，味精2克，芥末油、香油各少许。

做法

1. 所有材料洗净，将木耳烫一下后和生菜、紫甘蓝撕片。

2. 胡萝卜、黄瓜切片，圣女果对切两半，也可以根据个人喜好切成方便食用的小块状或条状，把所有调料调匀，淋入材料内拌匀即成。

💧 贴心提示

盆盆菜配料丰盛，营养多样化；具有滋补身体、预防贫血、平衡营养等功效。

第26周 合理进餐，控制体重

据统计，准妈妈理想的怀孕体重为孕早期增加2千克，孕中期和孕晚期各增加5千克为宜。如果整个孕期增加20千克以上或体重超过80千克，都是危险的讯号。

准妈妈要合理安排一日三餐进食量的比例分配，控制体重。每天只在食物中增加一种水果或蔬菜，慢慢适应后再增加一种，照此规律，直到每天可以达到8～10种；每餐至少吃两种水果或蔬菜；饮食要有计划，不要随意增加每餐食物的配额。

人体所需的各种营养素对健康均同等重要，缺一不可。关键在于巧妙组合，可以将富含油脂的食物与豆类蔬菜组合，尽量避免和米、面、土豆等富含碳水化合物的食物同吃，这样既能使食物营养摄取均衡，又有利于避免体重过度增加。

剁椒木耳炒鸡蛋

材料 鸡蛋3个，水发木耳100克，剁椒3汤匙，大蒜2瓣。

调料 料酒1/2茶匙，糖1/4茶匙，生抽1汤匙。

做法

1.干木耳放入清水中浸泡30分钟充分泡软后洗净；大蒜切末备用。

2.鸡蛋打散，放入1/2茶匙的料酒和冷水，将鸡蛋打成蛋液。

3.锅用大火加热后倒入油，待油八成热时倒入鸡蛋，摊成金黄色后铲成小块，盛出备用。

4.锅中再次倒入油加热，待油四成热时，倒入剁椒和大蒜末炒香，待油变成红色后，倒入木耳和鸡蛋翻炒几下，放入糖，再淋入生抽调味即可。

第27周 有效缓解妊娠纹

对于准妈妈来说，以内养外非常重要。所以，平时要注意合理规划饮食，以帮助身体减轻水肿，有效阻断脂肪的囤积，减少橘皮组织，淡化妊娠纹，促进皮肤弹性纤维的恢复。

营养均衡的膳食可增强皮肤弹性。准妈妈应尽量遵守适量、均衡的原则，避免过多摄入碳水化合物和热量而导致体重增长过多。

西红柿具有保养皮肤的功效，可以有效预防妊娠纹的产生。西红柿对抗妊娠纹的主要成分是其中所含丰富的番茄红素，它可以说是抗氧化、预防妊娠纹的最强武器。

西红柿炖鱼

材料 草鱼约1000克，西红柿200克。

调料 花椒粒、姜末、蒜末、葱花各1茶匙，干辣椒2个，生抽、料酒各1汤匙，香辣酱、剁椒、盐各1茶匙，胡椒粉、鸡精各3克。

做法

1.草鱼去除内脏洗净切块，沥干水分后加盐、胡椒粉、料酒、姜末、蒜末、剁椒腌制5分钟；西红柿洗净，切块备用。

2.锅中放底油，下花椒粒和干辣椒煸香后捡出不用。

3.下姜末、蒜末煸香后，加入西红柿块炒至浓稠状，期间加入盐、胡椒粉、生抽、香辣酱、鸡精。加入适量的清水炖开。

4.开锅后加入腌制好的草鱼块，撒入葱花，炖开即可食用。还可加入各种蔬菜涮锅。

第28周　吃什么能缓解腹胀腹痛

腹胀、胀气是妊娠时期常见的不适。腹胀所伴随的食欲不佳、便秘及因其对准妈妈造成的心理压力而导致的不易入眠、作息失调等，都是不可小觑的孕期烦恼。

引起孕期腹胀、胀气的原因很多。其中受孕激素的影响最大。由于怀孕期间，体内激素的变化，黄体素的分泌液明显活跃起来。黄体素虽然可以抑制子宫肌肉的收缩以防止流产，但它也同时会使人体的肠道蠕动减慢，造成便秘，进而引起整个胃肠道都不舒服。当便秘情况严重时，腹胀的情形也就会更加明显。

准妈妈可以多吃富含膳食纤维的食物，如茭白、韭菜、芹菜、丝瓜、莲藕、萝卜等，都含有丰富的膳食纤维；水果中则以苹果、香蕉、猕猴桃等含膳食纤维较多。

鲜虾青菜果姜汤

材料　虾300克，苹果250克，姜片3片。

调料　盐、胡椒粉各1/4茶匙，橙汁2汤匙，鱼露1汤匙，柴鱼高汤5杯。

做法

1.将虾洗净后剥去外壳（外壳留用），挑除肠线；苹果洗净，去皮，切块；姜片洗净。

2.锅中加入柴鱼高汤，煮沸后下入虾壳、姜片煮10分钟，去渣取汁，下入苹果块及盐、胡椒粉、橙汁、鱼露，煮沸，再下入鲜虾氽煮即可出锅。

早餐组合：南瓜百合粥＋果脯冬瓜

南瓜百合粥

材料 大米100克，南瓜150克，干百合50克，枸杞子数粒。

调料 盐、味精各1茶匙。

做法

1．大米淘洗干净，浸泡30分钟；南瓜去皮、籽，洗净切块；百合泡发好，洗净，焯水烫透，捞出沥干水分备用。

2．大米下入锅中加水，大火烧沸，再下入南瓜块，转小火煮约30分钟。

3．下入百合、枸杞子及调料，煮至汤汁黏稠出锅装碗即可。

果脯冬瓜

材料 冬瓜300克，梅脯20克。

调料 白糖10克，果汁100克。

做法

1．冬瓜去皮和内瓤，先切成5毫米厚的片后，再把片切成4厘米长的条。

2．将冬瓜条洗净放入沸水汤锅，烫至刚熟时捞起，放凉。

3．盆里加冷开水300毫升、果汁、白糖、梅脯、冬瓜条，浸泡至冬瓜进味。

4．取出装盘即成。

🥄 贴心提示

冬瓜有清热、消痰、利水的功效。此阶段的准妈妈食用此菜，可减轻水肿。

午餐组合：米饭+秘制鸡翅+芝麻拌菠菜+家常豆腐+蒸三素

秘制鸡翅

材料 鸡翅8个约750克，香菇6朵，黑木耳一小把。

调料 生抽、老抽、蒜蓉辣酱、番茄酱、冰糖各1汤匙。

做法

1.香菇、黑木耳均温水泡软，泡发后去蒂备用。

2.鸡翅焯水后，沥干水分备用。

3.锅内加入鸡翅、香菇、黑木耳，适量水（基本没过鸡翅即可）。

4.加入生抽、老抽、蒜蓉辣酱、番茄酱、冰糖，翻炒匀，大火烧开。加盖，转中火焖煮约20分钟，至鸡翅酥软；开盖，大火收至汤汁浓稠即可。

芝麻拌菠菜

材料 菠菜100克，鸡汤10毫升，白芝麻10克。

调料 盐、酱油各适量。

做法

1.菠菜放入淡盐水中焯水，捞出过凉水后沥干，备用。

2.将菠菜切成长段，拌入鸡汤和酱油，撒上白芝麻，拌匀即可。

贴心提示

菠菜中含一种十分重要的营养物质——叶酸。孕妇多吃菠菜有利于胎儿大脑神经的发育，防止胎儿畸形。

家常豆腐

材料 北豆腐约400克，猪瘦肉100克，青椒、红椒各1个，姜片、蒜末各10克。

调料 郫县豆瓣2匙，生抽、料酒各2匙，盐、糖、生粉各1匙。

做法

1.将豆腐切成厚约半厘米、宽约4厘米的片，猪瘦肉切片，用生抽、生粉腌制，青、红椒去籽、去筋，切成菱形。

2.在锅中倒少许油，将豆腐片煎至两面发黄。

3.炒锅烧热倒油，油至五成热时下剁碎的郫县豆瓣炒香后下姜片、蒜末炒香，放入肉片炒散，加生抽、料酒炒匀。

4.下煎过的豆腐片同炒，下青、红椒块同炒，最后加适量盐、糖调味。

蒸三素

材料 鲜香菇150克，胡萝卜、大白菜各100克。

调料 盐3克，味精1克。

做法

1.胡萝卜去皮，切丝煮熟；香菇去蒂后留一片，其余去蒂切丝；大白菜切丝，都用开水烫软。

2.取一小碗，抹少许色拉油，碗底中间放一片香菇，再依序排入胡萝卜丝、白菜丝、香菇丝，均匀撒上盐和味精，放入蒸锅中，蒸10分钟。

3.蒸好后，将蒸碗扣入盘中即成。

晚餐组合：麻油猪心面线+香菇炒芹菜+砂锅什锦鲫鱼汤

麻油猪心面线

材料　猪心80克，白面线60克，老姜10克。

调料　麻油2茶匙，米酒2汤匙，盐1/4茶匙。

做法

1.猪心洗净，切成片；姜切片，备用。

2.将麻油放入热锅中，加姜片爆炒香，再放入猪心与米酒调味，炒熟后起锅。

3.锅中放500毫升水烧沸，放入面线，煮约3分钟，加入炒熟的猪心，搅拌均匀后加盐调味即可。

香菇炒芹菜

材料　水发香菇100克，芹菜心250克。

调料　麻油2茶匙，料酒、酱油、葱花、姜末、水淀粉各1茶匙，盐3克，味精2克。

做法

1.香菇洗净后，切成片；芹菜心择洗干净，切成斜丝。

2.将香菇片、芹菜丝同入沸水锅中焯透，捞出，控干水。

3.炒锅上火，放麻油、葱花、姜末，煸炒片刻后下香菇片、芹菜丝煸炒，烹入黄酒，加味精、酱油、盐，用水淀粉勾芡，翻炒均匀，出锅盛入盘内即成。

砂锅什锦鲫鱼汤

材料 鲫鱼500克，猪里脊肉75克，猪肉（肥）250克，火腿15克，鸡蛋1个，冬笋、香菇（鲜）各25克，油菜心15克。

调料 盐3克，味精2克，料酒10克，大葱、姜各5克，鸡汤适量。

做法

1.鲫鱼去鳞、鳃、内脏，洗净；放入热水中烫一下，刮去黑皮洗净，两面划上十字花刀。里脊肉、肥猪肉合在一起剁成肉泥，盛在大碗内加入冷鸡汤搅打，放入盐、味精，搅打起劲，下入蛋清搅匀备用。

2.火腿、冬笋切成骨牌片；香菇洗净去蒂；油菜心洗净一剖两半；葱切段；姜切片。

3.炒锅放在火上，放油烧热，下入葱段、姜片炸成金黄色后添入鸡汤；汤沸后撇净浮沫，加入料酒，倒在砂锅内；汤开成乳白色时，下入鲫鱼、盐，转小火炖20分钟。

4.再把肉泥汆成小丸子，汤沸后下入冬笋、香菇、火腿、油菜心，再开后加入味精即成。

✔ **贴心提示**

鲫鱼含有丰富的微量元素，尤其是钙、磷、钾、镁的含量较高，鲫鱼的头部还含有能增强记忆的卵磷脂，对胎宝宝大脑的发育非常有益。

25～28周三餐食谱推荐 ②

早餐组合：鸡丝汤面+子姜炒脆藕

鸡丝汤面

材料 煮熟鸡蛋面条150克，熟鸡肉50克，紫菜10克，香菜适量。

调料 酱油5克，盐1克，味精2克，葱花8克，姜末2克，鲜汤300克，香油2克。

做法

1.将熟鸡肉用刀切丝或用手撕成细丝；香菜择洗干净，切成长3厘米的段；紫菜洗净，用手撕成小块；将面条煮熟盛入碗内。

2.锅置火上，放油烧至七成热，下葱花、姜末炝锅，煸出香味后，倒入鲜汤烧开，撇去浮沫，加酱油、盐、味精，调好口味，撒入香菜段、紫菜拌匀，淋香油，分别舀入面条碗内，再把鸡肉丝放在面条上即成。

贴心提示

鸡丝汤面品质优良，含有丰富的营养，配合上香菜，更是鲜上加鲜。

子姜炒脆藕

材料 鲜藕400克，子姜20克，泡椒10克。

调料 白糖、香油各1茶匙，盐适量，鸡精少许。

做法

1.将鲜藕冲洗干净削皮，去掉藕节，切成薄片，放入糖水中浸泡10分钟左右，捞出来沥干水备用；将子姜带芽洗净，切成细丝备用；泡椒切成碎丁备用。

2.锅内加入植物油烧热，放入藕片用大火快炒1～2分钟，放入姜丝、泡椒丁炒匀，加盐、淋入香油即成。

贴心提示

莲藕中含有黏液蛋白和膳食纤维，能与人体内胆酸盐、食物中的胆固醇及甘油三酯结合，使其从粪便中排出，从而减少脂类的吸收；与子姜搭配有健脾止泻作用，还能增进食欲，促进消化，开胃健中。

午餐组合：花卷+醋烹鲫鱼+素炒土豆丝

醋烹鲫鱼

材料 鲫鱼500克，红椒、青椒各10克，葱、姜各5克。

调料 盐3克，白糖、酱油各5克，香醋15克，料酒10克。

做法

1. 将鲫鱼洗净后切为两半，再将两片鲫鱼改成抹刀片，共六片备用。将鱼片放入碗内，加盐、白糖、酱油、料酒略腌；青、红椒洗净切小块。

2. 将锅注油烧至七成热，下入腌好的鱼块，炸至外酥里嫩时出锅，将青、红椒入油锅炒香，放入鲫鱼，再加入盐、白糖，烹入香醋，装盘即可。

素炒土豆丝

材料 土豆400克。

调料 盐3克，白醋、蒜末各1茶匙。

做法

1. 将土豆洗净，去皮，切成丝，放入水中加入白醋泡15分钟，沥干备用。

2. 将锅置火上，放入油烧至七成热，将土豆丝放入锅中大火翻炒3分钟，加入盐、蒜末搅拌均匀即可。

贴心提示

土豆的营养成分非常丰富，土豆含有特殊的黏蛋白，不但有润肠作用，还有脂类代谢作用，能帮助胆固醇代谢。此外，土豆有齐全的八种氨基酸，还含有多种维生素。

晚餐组合：青椒牛肉炒饭+韭菜炒小鱿鱼

青椒牛肉炒饭

材料 米饭300克，嫩牛肉80克，青椒2个。

调料 葱1根，淀粉、料酒各5克，酱油2滴，盐1茶匙，胡椒粉3克。

做法

1.牛肉切丝，拌入适量料酒、酱油、淀粉略腌一下；青椒去蒂和籽，切丝；葱切小段。

2.热油锅中下入腌好的牛肉丝，快速翻炒几下断生即盛出。

3.重新烧热油锅，放葱段、青椒丝翻炒几下，然后倒入米饭炒匀，再加牛肉丝、盐、胡椒粉，一起翻炒均匀即可。

韭菜炒小鱿鱼

材料 小鱿鱼300克，韭菜50克，姜末5克。

调料 盐1茶匙，白糖10克，鸡精、五香粉各5克。

做法

1.小鱿鱼收拾干净，切小块；韭菜洗净切段。

2.坐锅热油，下入姜末炒香，接着放入小鱿鱼翻炒，再放韭菜一起炒熟，最后放入全部调料，翻炒均匀即可出锅。

25～28周三餐食谱推荐 ③

早餐组合：家常面片汤+咸鸭蛋拌豆腐

家常面片汤

材料 面粉200克，西红柿1个，香葱2棵。

调料 盐、酱油各1茶匙，香油1/2茶匙。

做法

1.面粉加适量温水，活成稍软的面团；西红柿洗净，切块；香葱洗净切碎。

2.面粉擀成薄片，切条备用。

3.炒锅加少许油烧热，放入西红柿炒软，加酱油翻炒，再倒入500毫升水煮沸，切好的面条拿在手中，尽量抻薄抻长，放入锅中，搅拌均匀，加盖煮熟。

4.放入盐、香葱、香油调味即可熄火。

咸鸭蛋拌豆腐

材料 咸鸭蛋2个，北豆腐400克。

调料 葱花10克，姜、大蒜（白皮）各5克，盐3克，香油2克。

做法

1.将豆腐用冷水洗净，切成小丁装入盘内，撒少许盐，拌匀待用。

2.将咸鸭蛋煮熟，冷后剥壳，切成小丁；姜切末；蒜剁成泥。

3.将咸鸭蛋、葱花、姜末、蒜泥、香油放入豆腐盘内，拌匀即可。

午餐组合：馒头+松仁玉米+酱香排骨

松仁玉米

材料 玉米粒400克，剥壳松子仁100克。

调料 红辣椒、青辣椒各1个，香葱2棵，白糖3茶匙，盐、味精各1茶匙。

做法

1.辣椒切小丁；香葱切末；将玉米粒放入沸水中煮4分钟，捞出沥干。

2.用中火将炒锅烧至温热，放入松子仁干炒，至略变金黄出香味。将炒好的松子仁盛出，平铺在大盘中放凉。

3.炒锅中倒入油，用中火烧热，先把香葱末煸出香味，再依次放入玉米粒、辣椒丁和松子仁煸炒2分钟，调入盐和白糖。

4.最后撒上味精炒匀即可。

酱香排骨

材料 猪排骨（大排）500克。

调料 白砂糖5克，酱油8克，料酒10克，八角、桂皮各3克，盐、味精各2克，大葱、姜各4克。

做法

1.排骨切块，选用肉多骨少的为材料，切成长方形肉块。

2.将肉块用少许盐擦匀腌过夜，次晨用沸水煮5分钟后，洗净。

3.将八角、桂皮、葱、姜装入布袋扎紧，布袋包垫放在锅底竹箅上，放排骨，加料酒、酱油、盐和肉汤与肉平，煮沸20分钟，改用小火焖约2小时，至骨酥肉烂时，加入白糖，改用旺火煮5分钟至汤汁浓厚止，加入味精拌匀出锅，浇上汤汁冷后即可食用。

鱼香茄子

材料 长茄子500克。

调料 泡椒4个，葱1段，姜1块，蒜2瓣，米醋、水淀粉各20克，料酒5克，酱油、糖各10克。

做法

1.茄子洗净，切成滚刀块；泡椒、葱、姜、蒜分别切碎；所有调料调成调料汁。

2.锅中不要倒油，将茄子块放入锅中干煸；不断翻炒至茄子颜色变深盛出。

3.锅中倒入少许油，放入姜末、蒜碎爆出香味，倒入切碎的泡椒，炒出香味。

4.倒入已炒过的茄子块，翻炒几下；倒入调味汁，翻炒待汤汁变浓稠。

5.撒入葱花即可出锅。

菜花炒猪肝

材料 猪肝100克，菜花150克。

调料 葱花、蒜泥各适量，料酒10克，酱油、白糖各5克，盐2克，味精1克，水淀粉8克。

做法

1.将猪肝用清水洗净，切成柳叶形薄片；菜花洗净掰成小朵，放入沸水锅内焯熟后捞出，沥干水备用。

2.将锅置火上，加少许油烧热后，放入葱花和蒜泥炒香，投入猪肝并放入料酒，炒至猪肝即将熟时，加入酱油、白糖、盐和味精，倒入菜花及少许水，翻炒一下，用水淀粉勾芡，炒匀即成。

白菜粉丝豆腐汤

材料 白菜200克，豆腐1块，粉丝1小把。

调料 盐3克，香油2克。

做法

1.白菜洗净撕成小块；豆腐切块；粉丝泡水至软。

2.锅内油烧热，先下白菜，翻炒一会，倒入豆腐，翻匀后倒入水，水开后，下粉丝，煮至熟即可，出锅前放盐，点少许香油调味。

凉拌素什锦

材料 鲜香菇、鲜口蘑、黄瓜、胡萝卜、西红柿、西蓝花、马蹄、莴笋各50克。

调料 盐、白糖、花椒各1茶匙，酱油1汤匙。

做法

1.将全部材料洗净。黄瓜、胡萝卜、莴笋切成寸段；鲜香菇、鲜口蘑、马蹄、西蓝花、西红柿均切片。

2.将所有材料分别焯熟（黄瓜、红柿除外），放入盘中。

3.锅中入油，下花椒炸出香味后拣出，放入酱油、盐、白糖，然后倒入盘中拌匀即成。

25～28周三餐食谱推荐 4

早餐组合：馒头+桂圆莲子粥+酱香牛肉

桂圆莲子粥

材料 糯米100克，红枣10颗，桂圆肉、莲子各30克。

调料 白砂糖20克。

做法

1.糯米洗净；红枣、桂圆肉、莲子均洗净，放入清水中浸泡2小时。

2.锅中放入适量水煮沸，加入糯米、红枣、桂圆肉、莲子、白砂糖，一同煮至熟烂即可。

酱香牛肉

材料 牛肉300克，葱段、姜片各5克。

调料 甜面酱5克，酱油、香油各适量。

做法

1.将牛肉洗净，切成拳头般大块，放沸水中煮开，撇去浮沫，加入葱段、姜片，改用小火焖煮2小时左右，当筷子能戳通时捞出放凉。

2.食用时，顺着肉纹切成薄片装盘，淋上香油，配以酱油、甜面酱、葱段制成的调味小碟食用。

✔ 贴心提示

牛肉经小火焖煮，酥烂醇香；配以作料蘸食，风味别具。

午餐组合：米饭+口蘑鸡片+腌西蓝花+酸辣汤

口蘑鸡片

材料 鸡肉150克，水发口蘑50克，鸡蛋1个，油菜心、芦笋段各15克。

调料 水淀粉适量，料酒10克，盐2克，香油少许，鸡汤50克。

做法

1.将鸡肉洗净，切薄片，加入鸡蛋清、干淀粉调匀；油菜心洗净，焯水；水发口蘑洗净，切片，备用。

2.锅置火上，倒油烧热，放入鸡肉片滑熟，捞出，备用。

3.锅留底油，加入鸡汤、芦笋段、盐、料酒煮沸，加入口蘑片、鸡肉片、油菜心烧至入味，用水淀粉勾芡，淋入香油即可。

腌西蓝花

材料 西蓝花200克，芹菜50克。

调料 蒜片适量，柠檬汁10克，白葡萄酒15克，盐、白糖各适量，香叶2片。

做法

1.将西蓝花去茎，掰成小朵，洗净，锅内放水烧开，将西蓝花投入，浸烫约2分钟捞出，放入冷开水中，浸泡过。

2.锅置火上，加适量清水旺火烧开，放入芹菜段、蒜片、香叶、盐、白糖、白葡萄酒、柠檬汁煮约10分钟，制成腌菜汁，倒入容器中放凉。

3.将西蓝花放入腌菜汁中，腌渍24小时以上。

酸辣汤

材料 豆腐40克，冬笋30克，黑木耳1朵，火腿10克，鸡蛋1个，葱花、香菜末各少许。

调料 酱油、料酒、醋各1茶匙，盐1/2茶匙，香油、胡椒粉各1/4茶匙。

做法

1.将豆腐洗净，切小丁，然后过水焯一下；冬笋、火腿均切成细丝；木耳泡发后洗净切成丝；鸡蛋打散备用。

2.将适量胡椒粉倒入小碗内，倒入醋将胡椒粉冲开备用。

3.锅置火上，倒入清水，烧开后先放入豆腐丁略煮一下，接着放入冬笋丝、香菇丝、火腿丝、木耳丝，煮开后加入酱油、料酒、盐调味，然后用水淀粉勾芡。

4.边用汤勺搅动边倒入蛋液，最后加入冲开的胡椒粉和醋，淋入香油就可以关火了，最后加入一些香菜末、葱花做点缀即可。

贴心提示

酸辣汤能刺激肠胃蠕动，还能促进血液循环和新陈代谢。还可放入鱿鱼和海参做成海鲜酸辣汤。

晚餐组合：米饭+黄豆焖鸡翅+虾皮冬瓜

黄豆焖鸡翅

材料 黄豆、水发海带各50克，鸡翅4个约400克。

调料 葱段、姜末各适量，姜汁5克，盐3克，清汤20克。

做法

1.将黄豆、海带分别洗净，海带切片，同部分葱段、姜末放入锅中煮熟；鸡翅用姜汁、盐、剩余葱段腌渍入味，备用。

2.锅置火上，倒油烧至八成热，放入鸡翅，翻炒至变色，加入黄豆、海带片翻炒，加入适量清汤，转小火焖至汁浓即可。

虾皮冬瓜

材料 冬瓜250克，虾皮50克，葱花、姜末各5克。

调料 盐1茶匙（或不加）。

做法

1.冬瓜去皮，去瓤，切块。

2.锅中油烧热，爆香葱花、姜末，放入虾皮炒香，倒入冬瓜块，炒拌均匀。

3.倒入1汤匙水，焖煮片刻，撒盐调味即可。

> 贴心提示
>
> 冬瓜含维生素C较多，钾盐含量高，钠盐含量低，对怀孕期间的高血压有一定的食疗作用。

孕八月

远离妊娠高血压和糖尿病

第29周
膳食平衡预防妊娠高血压

准妈妈在孕晚期要密切监测体重变化，血压应维持在140/90毫米汞柱以下，且注意是否有蛋白尿等情况发生。同时，加强营养是预防和缓解高血压综合征的重要措施。

膳食不平衡与妊娠高血压综合征的发病密切相关，也就是说，营养缺乏的准妈妈患妊娠高血压综合征的概率高。调查发现，准妈妈中的妊娠高血压综合征患者，其热量、蛋白质、碳水化合物摄入量与正常准妈妈相近，脂肪摄入量较多，钙、铁、维生素A、B族维生素、维生素C等摄入量较少，且与钙的摄入量呈正相关。故肥胖型准妈妈妊娠高血压综合征的发病率明显高于正常的准妈妈。

凉拌芹菜叶

● 芹菜嫩叶200克，酱香豆腐干40克。

● 盐、白糖、香油、酱油各适量。

做法

1.将芹菜叶洗净，放开水锅中烫一下，捞出摊开放凉。

2.酱香豆腐干放开水锅中烫一下，捞出切成小丁。

3.将芹菜叶和豆腐丁放入大碗中，加入盐、白糖、酱油、香油拌匀即可。

> 🍂 贴心提示
>
> 芹菜中钙、磷、铁的含量高于一般绿色蔬菜，而且芹菜有降压的作用，对于原发性、妊娠性高血压均有效。

第30周　合理搭配预防妊娠糖尿病

孕期是个特殊的时期，胎盘所分泌的胎盘泌乳素、催乳素糖皮质激素、孕激素等对胰岛素有拮抗作用。随着孕周的增加，即使摄入的碳水化合物没有太大的变化，也会因为孕期抗胰岛素分泌的增加和一系列的改变而引发糖尿病的一些症状。正是因为孕期的这些特殊和复杂的原因，才导致了妊娠期糖尿病的发生。

准妈妈要多摄取富含膳食纤维的食物，如红米、燕麦、豆类、绿叶蔬菜、魔芋等。膳食纤维能够延迟葡萄糖的吸收，并推迟可消化糖在小肠中的出现，延缓血糖升高，使血糖处于稳定状态。

准妈妈不能完全不吃主食，应该尽量控制含糖饮料或甜食的摄取量。

南瓜烩豆腐

 南瓜200克，嫩豆腐100克，豌豆仁20克，姜片3片。

调料 酱油、盐、胡椒粉各1/2茶匙，香油1茶匙。

做法

1.南瓜去皮、去籽、切块；嫩豆腐切块备用。

2.锅中倒入香油加热，爆香姜片，再放入南瓜以小火煎至微熟后压成泥，加入酱油及适量水煮开。

3.最后加入嫩豆腐块、豌豆仁及盐、胡椒粉调味即可。

第31周 胎宝宝发育快，营养要跟上

孕8月，胎宝宝生长特别快，体重在这个时期增加最多。胎宝宝发育快，对营养需求量就大，所以准妈妈应继续保证营养全面。这个时期不妨多吃一些水果，不仅可以补充能量，还可以帮助胎宝宝增强免疫力。另外，维生素K对于血液凝固非常重要，尤其是在胎宝宝即将出生时更为重要，富含维生素K的食物有绿叶蔬菜、香瓜、谷物、全麦食品等，准妈妈宜经常食用。

孕晚期，绝大部分准妈妈都会出现血脂水平增高等症状，所以要适当控制脂肪和碳水化合物的摄入量。此时钙的需要量更要明显增加，准妈妈仍不可忽视补充钙。为了满足大量钙的需要，应选择食用海带、紫菜、虾米、虾皮等食物。

91 毫米

凉拌木耳瓜条

材料 西瓜皮200克，黑木耳15克。

调料 盐2克，白糖3克，香油少许。

做法

1.将西瓜外表的绿色硬皮削去，洗净，沥干水后改刀切成条，放入碗中，加入一半的盐拌匀，腌渍10分钟左右，冲水后沥净水分。

2.将黑木耳用温水泡发后，再用开水略烫，沥干水分，略切。将西瓜皮、木耳放入盘内拌匀，加入另一半的盐、白糖，香油调拌均匀即成。

第32周 适当吃些粗粮

肥胖型准妈妈妊娠高血压综合征的发病率为正常准妈妈的3～4倍；全孕期准妈妈体重增加超过15千克的妊娠高血压疾病发生率高。而热量摄入过多可使孕期体重过大，也会增加妊娠高血压的发病率。因此，准妈妈要注意控制体重，热量的摄入要适中。

谷类和新鲜蔬菜不仅可增加膳食纤维的摄入量，对防止准妈妈便秘、降低血脂也有益，还可补充多种维生素和矿物质，有利于防止妊娠高血压综合征。

荞麦蛋汤面

材料 荞麦面条300克，鸡蛋1个，小白菜50克，葱花、姜丝各5克。

调料 花椒粉、盐各3克，香油2克。

做法

1. 小白菜洗净，切段。

2. 炒锅中放油，下葱花、姜丝、花椒粉爆香，加入清水，烧开后下入荞麦面条。

3. 面条快熟时放入鸡蛋和小白菜段，加盐、香油调味即可。

29～32周三餐食谱推荐 ①

早餐组合：咸蛋香粥+萝卜缨炒小豆腐

咸蛋香粥

🔴🔴 大米100克，咸蛋1个，鲜香菇2朵。

🔴🔴 葱末1茶匙，香油1/2茶匙。

🔴🔴 做法

1.咸蛋去壳切小块；香菇洗净切小片。

2.大米淘洗干净，与适量清水一同放入锅中，以大火煮沸，转用中火煮约20分钟，放入咸蛋、香菇片，用小火煮10分钟至熟，加入葱末、香油调味即可。

萝卜缨炒小豆腐

🔴🔴 樱桃萝卜200克，老豆腐100克，葱花5克。

🔴🔴 花椒1茶匙，生抽3克，盐2克。

🔴🔴 做法

1.樱桃萝卜择洗干净；把豆腐碾碎，撒上一些葱花备用。

2.萝卜缨洗净，用开水烫一下，去除涩味，挤干水分，切碎备用。

3.锅内加油烧热，放入花椒，炸出香味后撒入葱花，倒入碎豆腐炒香，调入盐和生抽炒匀，加入萝卜缨翻炒均匀即可。

午餐组合：米饭+蘑菇炖鸡腿+鸡蛋炒苦瓜

蘑菇炖鸡腿

材料 新鲜蘑菇100克，鸡腿2个约400克。

调料 料酒、盐各适量，姜1片。

做法

1.鲜蘑菇洗净后，撕成小块；鸡腿洗净，切成块。

2.锅内倒植物油烧热，下入姜片煸炒，然后下入鸡腿块翻炒并倒入料酒，接着放入蘑菇块炒几下后，加入适量水，用小火炖20分钟，加盐调味即可。

鸡蛋炒苦瓜

材料 苦瓜150克，鸡蛋2个。

调料 盐2克，鸡精3克，葱末、姜末各适量。

做法

1.先将苦瓜对剖，挖去内瓤洗净，切成片，撒上1克盐拌匀略腌；鸡蛋打散，用油炒熟鸡蛋备用。

2.锅中放入清一点点水，水量以能没过苦瓜为宜；放1克盐，滴少许植物油；水开后将苦瓜片倒入略余后，捞出过凉水滤干备用。

3.炒锅入适量油，油热后放入葱末香后将苦瓜片倒入略炒，接着将炒好的鸡蛋放入，用鸡精调味，迅速翻炒均匀后就可出锅装盘了。

香卤猪肚饭

材料 大米250克，腊味香肚80克。

调料 盐1茶匙，胡椒粉3克。

做法

1. 大米洗净，放入电饭锅内，加适量水（平时焖饭的水量），浸泡30分钟。

2. 香肚切片，码放在米饭表层；饭锅内撒上适量盐、胡椒粉，盖上盖，打开电锅煮饭开关。

3. 饭熟后继续焖15分钟即可。

枸杞松子爆鸡丁

材料 鸡肉250克，松子仁、核桃仁各20克，鸡蛋1个。

调料 淀粉、姜末、葱末各适量，枸杞子、胡椒粉各少许，盐2克，酱油5克，料酒10克，鸡汤30克。

做法

1. 将鸡肉洗净，切丁，用鸡蛋清、淀粉抓匀，用植物油滑炒，沥油；核桃仁、松子仁分别炒熟；将葱末、姜末、盐、酱油、料酒、胡椒粉、淀粉、鸡汤调成调料汁，备用。

2. 锅置火上，放调料汁，倒入鸡丁、核桃仁、松子仁、枸杞子翻炒均匀即可。

蒜蓉空心菜

 空心菜200克，大蒜5瓣。

调料 葱末5克，盐5克，香油、味精各适量。

做法

1.空心菜择洗干净，切成长段；大蒜去皮，剁成蒜末。

2.炒锅烧热，倒入油烧至六成热，放入葱末和一小半蒜末炝锅，然后加入空心菜炒至断生，加入盐、味精、香油翻炒至入味。

3.出锅前加入剩下的蒜末翻匀即可。

蚕豆米冬瓜汤

 冬瓜200克，鲜蚕豆100克，鸡蛋2个。

调料 盐3克，香油少许。

做法

1.将冬瓜洗净后切成薄片；鲜蚕豆去掉外面的皮，洗净；将鸡蛋打入碗中，搅打成蛋液备用。

2.大火烧热炒锅中的油至八成热，放入冬瓜片翻炒，冬瓜略变色后放入鲜蚕豆翻炒，加入冷水，调入盐，改小火煮，煮到冬瓜透明，汤煮沸时淋入鸡蛋液，蛋液定型即可出锅。

3.倒入汤碗中加入几滴香油，提鲜提香。

早餐组合：什锦龙须面+花生玉米炒香芹

什锦龙须面

材料 鱼肉100克，熟鸡肝50克，香菇两朵，西蓝花30克，龙须面150克。

调料 料酒1汤匙，盐2克，香油少许。

做法

1.鱼肉切片，用盐和料酒腌10分钟；香菇泡软后用沸水汆烫后过凉水，切小块；西蓝花洗净，掰成小朵，汆烫过凉水；熟鸡肝切片。

2.锅中加入适量水，煮沸，把龙须面放入煮沸，再加入鱼肉、鸡肝、西蓝花一起煮至熟烂，放盐和香油调味即可。

花生玉米炒香芹

材料 西芹350克，油炸花生米100克，玉米粒50克，蒜片少许，花椒5克。

调料 盐、味精各2克，酱油5克。

做法

1.西芹择洗干净，斜刀切成花生米大小的菱形块，汆烫后备用。

2.油锅烧热，下蒜片、花椒爆香，倒入西芹块、玉米粒、油炸花生米，调入酱油、盐、味精，大火翻炒均匀，装盘即可。

腊肉烩豆腐

 腊肉500克，北豆腐400克，香葱2根。

调料 蚝油2汤匙，白糖1茶匙，盐1/4茶匙，白胡椒粉1/2茶匙，水淀粉2汤匙。

做法

1. 腊肉放入冷水锅中，以大火煮10分钟，捞出稍冷却后，切片备用；豆腐切2厘米大的小块，放入煎锅中，用中火双面煎成金黄色；香葱洗净切成段。

2. 煎锅中倒入少许油，大火加热至七成热时，放入香葱段爆香，然后倒入腊肉、豆腐，调入蚝油、白糖、盐和白胡椒粉翻炒均匀后，倒入水（没过食材一半即可）盖上锅盖，用中火炖5分钟，淋入水淀粉勾芡即可。

清炒蜜刀豆

 蜜刀豆100克，小番茄3个，南瓜1小块。

调料 葱花、姜末5克，盐3克，味精适量。

做法

1. 蜜刀豆、小番茄、南瓜分别洗净；南瓜去皮，切丝；小番茄去蒂切开。

2. 蜜刀豆氽烫，过凉备用。

3. 锅内热油，用葱花、姜末炝锅，下入蜜刀豆、小番茄、南瓜丝急火翻炒，用盐和味精调味即可。

柠檬汁炒牡蛎

材料 牡蛎400克，葱花、姜末各5克。

调料 料酒10克，柠檬汁、盐各3克，胡椒粉2克。

做法

1.将洗净的鲜牡蛎打开，取出牡蛎肉，洗净后，用部分料酒腌制5分钟。

2.平底锅中倒入油，油热后放入葱花、姜末，小火炒香，放入腌好的牡蛎肉，烹入料酒，加柠檬汁、盐、胡椒粉炒匀即可。

贴心提示

牡蛎肉味鲜美，营养全，有"细肌肤、美容颜"及降血压和滋阴养血、健身壮体等多种作用。牡蛎含18种氨基酸、B族维生素、牛磺酸和钙、磷、铁、锌等营养成分。孕期经常食用可以提高准妈妈的机体免疫力。

番茄西米露

材料 西米50克，番茄250克。

调料 白糖10克，糖桂花3克。

做法

1.番茄去蒂洗净，用开水略烫，撕去外皮，切丁备用。

2.西米洗净，用清水浸泡30分钟至米粒吸水膨胀。

3.锅置火上，放入清水烧开，放入西米、番茄丁、白糖，煮沸后改用小火煮10分钟后盛入碗中，撒上糖桂花即可。

晚餐组合：米饭+三黄鸡烧土豆+脆炒南瓜莴笋丝

三黄鸡烧土豆

材料 三黄鸡约250克，土豆500克，葱末适量，干红辣椒2个。

调料 花椒、香叶各少许，大料2克，料酒、糖各5克，老抽4克，盐3克，鸡精1克。

做法

1.鸡洗净，斩块；土豆洗净，切滚刀块。

2.锅内放油开大火，七成热时，加葱末、干红辣椒、花椒、大料、香叶，爆香后加入鸡块、土豆块，翻炒均匀。

3.最后加料酒、老抽、糖和适量水，盖锅盖转中火，炖25分钟，中间要翻动。快出锅时放盐、鸡精，翻炒均匀即可。

脆炒南瓜莴笋丝

材料 南瓜、莴笋各100克，小红椒2个。

调料 盐3克，胡椒粉、味精各2克，葱花、姜末各5克。

做法

1.南瓜去皮，去瓤，切丝；莴笋洗净，去皮，切丝；小红椒洗净，斜切成丝。

2.锅中放入适量油烧至八成热时，放入葱花、姜末，炒出香味后，放入南瓜丝、莴笋丝，大火翻炒3分钟，加盐、味精、胡椒粉炒匀即可。

早餐组合：红薯粥+醋熘白菜+芹菜肉馅饼+蒜蓉菠菜

红薯粥

 红薯400克，大米200克，糯米75克。

做法

1.把大米和糯米洗净后倒入砂锅，加入约10倍的清水，大火煮开后转最小火煮约半小时，其间不时用勺子搅拌一下以防粘底。

2.把红薯洗净去皮后，切成块泡在水里，待大米煮到微熟时，放入红薯块搅拌均匀后，盖上盖子，用小火煮约20分钟即可。

贴心提示

此粥可以促进胃肠蠕动和防止便秘。红薯的药用价值较高，有补虚益气、健脾强肾、补胃养心的功效。

醋熘白菜

 白菜300克。

调料 葱花3克，干辣椒4克，花椒2克，盐3克，白糖10克，味精2克，香醋5克，水淀粉10克。

做法

1.白菜洗净后沥干水分，用刀拍一拍，切成方块，用少许盐腌一下，挤干水分，待用；小碗内放盐、白糖、香醋、葱花、水淀粉调成调料汁。

2.烧热锅，放食用油，待油烧至八成热时，将花椒入锅先煸一下取出，再投干辣椒炸，至辣椒呈褐红色时，放白菜，用旺火炒熟后，将调料汁倒入炒匀，放味精即可装盘食用。

芹菜肉馅饼

材料 面粉250克,肉末50克,鸡蛋1个,洋葱50克,芹菜100克。

调料 盐3克,香油、姜末各1茶匙,酱油1汤匙。

做法

1.将面粉和成较软的面团,放置20分钟;肉末加入鸡蛋、盐、酱油、香油、切碎的洋葱、姜末,朝一个方向充分搅拌,然后再放入切碎的芹菜,再搅拌均匀。

2.面团分成适当大小的剂子,擀成面皮,将馅料铺在上面,将四周捏紧,压平成面饼状。

3.平底锅涂少量油,烧热,放入面饼,烙至两面金黄即可。

蒜蓉菠菜

材料 菠菜200克,蒜20克。

调料 盐、香油各1茶匙。

做法

1.菠菜洗净,放入沸水锅中汆烫后捞出,用清水冲洗、沥干。

2.菠菜切段,放入盘中;蒜捣成蒜蓉,放在菠菜上。

3.盘中淋入香油、撒盐,拌匀即可。

午餐组合：米饭+枸杞肉丁+芹菜虾仁+金针菇炒鸡蛋+玉米糁粥

枸杞肉丁

 猪肉250克，枸杞子15克。

调料 番茄酱50克，水淀粉、料酒、糖、白醋各适量，盐3克。

做法

1.将猪肉洗净后切成小丁，用刀背拍松，加料酒、盐、水淀粉拌匀。

2.烧热锅用六七成热的油略炸后捞出，待油热后复炸并捞出，油沸再炸至膨起盛出备用。

3.枸杞子磨成浆，调入番茄酱、糖、白醋，成酸甜卤汁。

4.锅内留底油，倒入酸甜卤汁，炒浓后放入肉丁，拌匀即可。

芹菜虾仁

 净嫩芹菜200克，虾仁40克。

调料 料酒10克，盐3克，味精2克。

做法

1.将芹菜洗净，去掉菜叶，将叶柄一破两半，顺刀切成2厘米长的段，放开水锅内焯一下，捞出沥去水分。

2.锅放火上，下入食用油，用热油炸一下虾仁，炸变色即可，不要炸老，随即下入芹菜段煸炒，放入料酒、盐，炒匀，放味精调味，出锅盛盘食用。

> 贴心提示
>
> 芹菜与虾搭配更可使孕妈妈从蔬菜中摄取到胡萝卜素、维生素A、B族维生素以及叶酸等营养成分。

金针菇炒鸡蛋

金针菇100克，鸡蛋2个，蒜2瓣。

盐1茶匙，酱油2茶匙。

做法

1.蒜头去衣拍扁剁碎；金针菇切去老根，洗净沥干水；鸡蛋打入碗里，加1/8汤匙盐，顺一个方向用筷子搅打3分钟。

2.烧热锅，放油，放入打好的蛋液，用小火慢煎等蛋液底部凝固。然后翻面再煎15秒，便可将蛋饼盛出。

3.添入少许油，加蒜蓉爆香，倒入金针菇炒几下，加入煎好的鸡蛋，快速翻炒打散蛋饼。炒至金针菇变软后，加酱油和盐调味即可。

玉米糁粥

玉米糁100克。

蜂蜜或白糖15克（也可不加）。

做法

1.玉米糁洗净，放入锅中加适量水煮沸，再用小火熬煮10分钟。

2.吃时可加蜂蜜或白糖调味。

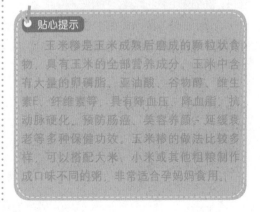

贴心提示

玉米糁是玉米成熟后磨成的颗粒状食物，具有玉米的全部营养成分。玉米中含有大量的卵磷脂、亚油酸、谷物醇、维生素E、纤维素等，具有降血压、降血脂、抗动脉硬化、预防肠癌、美容养颜、延缓衰老等多种保健功效。玉米糁的做法比较多样，可以搭配大米、小米或其他粗粮制作成口味不同的粥，非常适合孕妈妈食用。

晚餐组合：米饭+双冬油面筋+海鲜火龙果沙拉+家常素什锦

双冬油面筋

材料 冬笋100克，冬菇10朵，面筋4片。

调料 酱油2克，盐1茶匙，白糖5克。

做法

1. 冬菇泡软去蒂；冬笋去皮，先煮熟再切条；面筋先用热油炸黄，捞出后再切成条。

2. 起油锅，放入冬菇炒香，放入冬笋条同炒，加入盐、酱油、白糖调味，再倒入少许清水烧入味。

3. 锅内加入面筋同烧，汤汁收干即可盛出。

贴心提示

没有冬笋的季节，可用水发玉兰片代替，但也要先煮熟再烧。

海鲜火龙果沙拉

材料 火龙果100克，鲜虾50克，西芹30克。

调料 沙拉酱1汤匙。

做法

1. 火龙果对切成两半，挖出果肉，切丁；鲜虾用盐水洗净，用开水烫熟。

2. 把西芹切成小丁；将熟虾剥皮，去虾头。

3. 将火龙果、西芹跟虾肉加入沙拉酱搅拌均匀，盛入盘中即可食用。

家常素什锦

 烤麸250克，干香菇4朵，木耳、干黄花各20克，花生100克。

调料 料酒、生抽各2汤匙，老抽2茶匙，白糖1汤匙，盐、香油各1茶匙。

做法

1. 将烤麸放入冷水中浸泡2小时以上，直到充分变软；香菇、木耳、黄花冲洗干净，泡发；花生煮熟备用。

2. 烤麸在水中用手反复挤压然后切成小块；香菇切块，木耳择成小朵，黄花切段。

3. 锅中倒入清水，大火加热后，将烤麸块放入焯烫2分钟后捞出放入清水中过凉。

4. 锅中倒入油，大火加热至油七成热时，倒入烤麸块，煸炒3分钟左右，待烤麸的表面变成金黄色然后盛出。

5. 锅中倒油，加热后倒入香菇块、木耳、黄花和花生，再将烤麸块回倒锅中，加入料酒、生抽、老抽、盐和白糖，翻炒均匀后，加入清水，中火焖煮3分钟后，改成大火收汤，待汤汁收干后，淋入香油即可。

早餐组合：糯米糖藕+三色腰果+煮鸡蛋+牛奶

糯米糖藕

材料 藕150克，糯米100克。

调料 白糖80克，糖桂花、大枣各适量。

做法

1.糯米洗净用清水浸泡2小时，沥干水分备用；莲藕洗净去皮，自顶端2～3厘米处切断，露出藕孔，切下的这节保留作盖子。

2.将糯米塞入藕孔里，借助筷子将糯米塞实，藕孔都填满后将切下来的那节藕盖上，并用牙签固定紧实确保它不会脱落。

3.做一锅水要没过藕，放糖和几颗大枣，大火烧开后转小火，慢煮1.5小时；取出煮好的藕，摘去牙签，切片后淋上糖桂花就可以食用了。

三色腰果

材料 腰果50克，西芹、玉米各80克。

调料 盐、味精各1茶匙。

做法

1.将芹菜择洗干净，切成小段。

2.将玉米粒和芹菜段分别放入开水中焯烫，芹菜焯烫完要立即过凉。

3.炒锅倒入适量油，先放入腰果，小火慢慢的炒熟，然后放入玉米粒和芹菜段，加入盐、味精，快速翻炒均匀就可以出锅了。

午餐组合：米饭+西红柿炖牛腩+拍小萝卜

西红柿炖牛腩

 牛肉250克，西红柿4个。

调料 花椒、大料、葱花各适量，盐少许。

做法

1.将牛肉洗净切成小块，将锅中加入适量水，水开后放入牛肉、花椒、大料，大火煮沸。

2.水开后，将浮沫撇干净，先小火炖1.5小时；将洗净的西红柿切块，下锅继续炖。

3.半小时后加盐，撒上葱花，出锅。

贴心提示

西红柿有丰富的胡萝卜素、维生素C和B族维生素。牛腩有大量蛋白质、脂肪、碳水化合物、铁等，具有提高免疫力等功效。

拍小萝卜

材料 樱桃小萝卜100克。

调料 大蒜2瓣、芝麻酱、醋各10克，盐、白糖各适量。

做法

1.小红萝卜去叶、须，洗净拍碎；大蒜瓣去皮拍碎。

2.芝麻酱用醋调稀，浇在小萝卜上，再加入蒜末、盐、白糖，拌匀即可。

晚餐组合：
清炒荷兰豆+土豆排骨汤+椰香芒果糯米饭+木耳香葱爆河虾

清炒荷兰豆

🔴 荷兰豆300克，葱、姜、蒜各3克。

🔴 味精1克，盐2克。

🔴 做法

1.姜、蒜切成2厘米见方的菱形片；葱切成末；荷兰豆去蒂和筋，洗净。

2.炒锅放在火上，下油加热至四成熟，下姜片、葱末、蒜末，炒出香味。

3.下荷兰豆，烹入调料，炒匀至熟，起锅装盘即成。

土豆排骨汤

🔴 排骨500克，土豆150克。

🔴 大葱1根，姜3片，料酒、盐、味精各适量。

🔴 做法

1.把排骨斩成小块，洗净沥干水分。

2.土豆去皮，适当切块；大葱切段。

3.将排骨放在开水锅中烫5分钟，捞出用清水洗净。

4.将排骨、葱段、姜片、料酒和适量清水，上旺火烧沸，再改用小火炖至半熟时，放入土豆块炖至熟烂，再加盐、味精起锅即可。

椰香芒果糯米饭

 糯米200克，泰国香米100克，芒果1～2个。

调料 椰浆（或椰汁）400毫升，白糖30克。

做法

1.将糯米和泰国香米混后洗净；将椰浆和白糖混合后搅拌均匀，倒入米中，浸泡2～4小时。米和水的比例应为（1.5～2）：1，高火蒸20分钟后，转小火再蒸20分钟，关火后也不要立即开盖，再焖煮半小时左右。

2.将芒果洗净后，延核横向片下两大块果肉，用刀子或大勺掏出果肉，切成条状备用。

3.取出米饭，稍凉后可盛出，将芒果肉放在米饭上，可以再浇上些许椰浆或炼乳增加风味。

木耳香葱爆河虾

材料 小河虾200克，木耳、香葱各50克。

调料 盐1茶匙，鸡粉、香油各少许。

做法

1.小河虾氽烫；香葱洗净，切段；木耳择洗干净。

2.油锅烧热、爆香葱段；加小河虾、木耳及盐、鸡粉调味炒匀，淋入香油即成。

贴心提示

这道菜有补钙的功效。木耳含有丰富的钙和磷，小河虾含有丰富的维生素D，三者共同作用，可保健骨骼和牙齿，有效预防骨质疏松的发生。孕妈妈在补钙的同时应该补充维生素D，适当地晒晒太阳，可以自行合成维生素D。

孕九月

清淡饮食，少食多餐

第33周 盐量减半，继续补钙

在这个阶段，胎宝宝所有的器官都已经成熟，但此时肌肉的发育还要依靠许多矿物质帮忙。建议准妈妈注意微量元素的补充，如果孕9月里准妈妈对钙的摄入量不足，胎宝宝就会动用母体骨骼中的钙，致使准妈妈发生缺钙。所以，准妈妈不妨多摄取坚果类、动物肝脏、海鲜类等食物，以保障足够微量元素的摄取。

进入孕9月，准妈妈的饮食重点是少食多餐，减轻胃肠的负担，但同时也要注意淀粉类食物的适量摄取，味道宜清淡。孕晚期摄取过多水分、盐分是造成准妈妈身体水肿的最大原因，而此时期也是最容易出现妊娠高血压综合征的时期，所以准妈妈应将摄取量减为平时的一半。

香菇烧鹌鹑蛋

材料 鹌鹑蛋约400克，香菇、青菜各50克，葱末、姜丝各适量。

调料 料酒8克，水淀粉、酱油各1茶匙，盐、味精、香油各3克。

做法

1.将鹌鹑蛋煮熟，去皮裹上水淀粉，放入油锅中炸至金黄色；青菜洗净切段，沥干；香菇用温水泡软，切片。

2.油锅烧热，下香菇片、葱末、姜丝、青菜段，放料酒、酱油、盐、味精调味后装盘。

3.锅留底油，放入鹌鹑蛋，用水淀粉勾芡，调入盐、味精，淋入香油，轻炒出锅倒在香菇、青菜上即可。

第34周 钙、铁同补预防妊娠高血压

贫血准妈妈并发妊娠高血压的概率明显高于无贫血症状的准妈妈，因为准妈妈怀孕中期患妊娠贫血会导致孕晚期妊娠贫血、胎盘缺血、缺氧而发生妊娠高血压综合征。

血液钙水平检测发现，妊娠高血压综合征的准妈妈血钙低于正常的准妈妈，并在孕早、晚期明显降低，血钙偏低，发生妊娠高血压综合征越严重。钙摄入量低，平均血压高。所以，孕晚期的准妈妈仍然不要忘记补充钙质。

宜选择的动物性食品有禽肉、牛肉、河鱼、河虾、牛奶、鸡蛋及猪瘦肉等；宜选用的蔬菜类食品有茄子、扁豆、白菜、土豆、南瓜、西红柿、胡萝卜、黄瓜、菜花、芥菜等。

三色蛋羹

材料 鸡蛋60克，虾仁50克，鲜香菇1朵，葱段、姜片各5克，鲜汤1碗。

调料 盐、料酒各1茶匙，水淀粉1汤匙。

做法

1.将鸡蛋打入碗内，加盐、料酒和适量温水搅拌均匀，上屉蒸熟备用。

2.香菇洗净切成片状，开水打焯投凉。

3.起油锅，放入葱段、姜片炝锅，再倒入香菇片煸炒，添鲜汤，开锅后放入虾仁，待虾仁成熟，淋上水淀粉勾芡，浇淋在蒸制的蛋羹上，即可食用。

第35周
多吃补肾食物，缓解气喘症状

妊娠末期，准妈妈有时会感到气短、有透不过气的感觉。在临床上，这是一种孕期的正常反应。随着孕周的增加，准妈妈的肚子越来越大，隆起的子宫向上顶到肋骨和肺脏，导致有效的呼吸空间变小，妨碍准妈妈自由地呼吸，造成时而呼吸短促，甚至有窒息感。母体为了适应这种生理上的改变，会采用浅而短的呼吸，以增加呼吸到肺脏的氧气量。

准妈妈可多吃补肺益肾的食物。呼吸困难与肾有密切关系，当肾气虚弱或肺气不足、气不归肾时，就会呼吸困难，发生喘促。可用沙参、山药、天冬、麦冬、玉竹、百合、枸杞子等中药调理。

此外，还要注意一次进食不要太多，少食多餐。

木耳金针乌鸡汤

材料 水发木耳、金针菇各50克，乌鸡250克。

调料 盐3克。

做法

1. 将乌骨鸡剖净，洗净斩块。

2. 水发木耳、金针菇均洗净。

3. 将乌鸡块、水发木耳、金针菇放入炖盅内，加盐和清水适量，文火隔水炖3小时即成。

🥄 贴心提示

乌鸡性平、味甘；具有滋阴清热、补肝益肾、健脾止泻等作用。

第36周
健康蔬果为准妈妈保驾护航

到了孕晚期，准妈妈更需要蔬果的滋润。这个时期，胎宝宝发育日趋成熟，向母体索取的营养也更多，而蔬菜水果最能帮助准妈妈全面吸收营养。

蔬菜脂质含量很少，但含有丰富的维生素、矿物质，这些都是人体不可或缺的营养物质。

新鲜水果是维生素C、维生素A的主要来源。水果富含膳食纤维，能刺激肠道蠕动，加速有毒物质排泄。水果中的果胶等可溶性纤维可吸附胆固醇和延缓葡萄糖的吸收，减少准妈妈心血管疾病和妊娠糖尿病等疾病的概率。

杏、草莓中含有丰富的钙、磷，樱桃含铁多，香蕉富含钾，柿子富含碘等，这些水果都应多吃。

美粒多

材料 草莓100克，椰果20克，人参果、蜜桃各20克，蜂蜜水200克。

做法

1. 取20克草莓和蜂蜜水，放入搅拌机打碎，滤出草莓蜂蜜水。

2. 其余果肉均切小碎块，放入滤出的草莓蜂蜜水中即可。

33～36周三餐食谱推荐 1

早餐组合：黑豆糯米粥+瓜片拌白肉

黑豆糯米粥

材料 黑豆、菟丝子各30克，糯米100克。

做法

1.将菟丝子用纱布包好，煎汁备用。

2.把糯米、黑豆洗干净，加水适量，放入菟丝子汁，文火煮粥，待粥熟即可。

瓜片拌白肉

材料 猪后腿肉300克，黄瓜150克。

调料 蒜泥、葱花各适量，花椒、桂皮、甘草各少许，鸡精1克，盐3克，辣椒油2克，冰糖5克。

做法

1.黄瓜洗净，切片备用。

2.锅内倒入清水，将后腿肉刮洗干净，放入汤锅内加盐、冰糖、花椒、桂皮、甘草同煮，煮至皮软、切开不见血为度，捞入盆内，加原汤泡约半小时。

3.将肉捞出，沥干水分，片成薄片，和黄瓜片一起拼盘，加蒜泥、辣椒油、鸡精、葱花拌匀即成。

午餐组合：青菜烫饭+凉拌蕨根粉+西蓝花烧双菇+肉丝粉皮

青菜烫饭

材料 米饭250克，油菜叶100克，火腿肉50克，虾皮3克。

调料 盐1茶匙，鸡精2克。

做法

1. 油菜洗净切成小碎丁；火腿肉切丁。

2. 将米饭倒入锅中，加水（没过米饭），大火烧开，然后将油菜丁、火腿丁、虾皮放入锅中一起煮，撒上盐、鸡精拌匀。

3. 水少于米饭表面时即可关火出锅。

贴心提示

油菜性凉，味苦，有散瘀消肿、清热解毒的作用；油菜中含有丰富的钙、铁、维生素C，其胡萝卜素的含量也很丰富，是促进人体黏膜及上皮组织生长的重要营养源。

凉拌蕨根粉

材料 蕨根粉300克，青、红尖椒各2个，大蒜4瓣。

调料 辣椒油1汤匙，醋、生抽各1茶匙，盐2克。

做法

1. 蕨根粉放滚水内煮7分钟，注意搅拌，以免粘锅；青、红椒切碎；大蒜剁成蓉。

2. 煮好的蕨根粉捞出，放入凉白开中过水，沥干。

3. 辣椒油、生抽、醋、盐和切好的辣椒、蒜蓉拌匀，制成调味汁。

4. 蕨根粉捞出放盘子内，倒入调好的味汁，拌匀即可。

西蓝花烧双菇

材料 鲜草菇120克，水发香菇约350克，西蓝花60克，胡萝卜50克。

调料 蚝油、白糖各1汤匙，盐1茶匙，鸡精3克，水淀粉10克。

做法

1. 西蓝花去茎，掰成小朵洗净；草菇洗净，切片；香菇洗净去蒂，切片；胡萝卜洗净切片。

2. 将西蓝花、草菇片、胡萝卜片、香菇片依次放入沸水中烫一下，马上捞出，西蓝花、胡萝卜片过凉后沥干。

3. 炒锅倒入蚝油，烧开后下入全部材料，翻炒片刻，用小火煨5分钟，加盐、鸡精、白糖调味后，用水淀粉勾薄芡，翻炒均匀即可出锅。

肉丝粉皮

材料 瘦猪肉150克，粉皮2张。

调料 酱油2滴，香油1滴，芝麻酱、醋各3克，味精、芥末各1克，盐1茶匙。

做法

1. 将瘦猪肉洗净，切成片再切成细丝；粉皮泡软后切成丝，入沸水中煮一下，捞出放入凉水里，沥干水分，盛入盘里，用筷子搅散。

2. 将炒锅置旺火上，倒入油烧热，随即将肉丝入锅煸炒，加适量酱油，待肉变色盛在粉皮上。浇上醋、香油、芥末、盐、味精调成的汁，最后加入调稀的芝麻酱即可。

> **贴心提示**
>
> 粉皮即使是吃多了也不会发胖，而且又具有清血的作用，孕妈妈应多吃具有净血作用的粉皮或用绿豆制成的冬粉。

晚餐组合：韭菜炒干丝+清炖鸡参汤+浓香茄子煲

韭菜炒干丝

材料 香干丝150克，韭菜80克，高汤250克。

调料 盐1茶匙，白糖5克，酱油2克，味精1克，香油少许。

做法

1.韭菜、香干丝均洗净切段。

2.锅置火上，放油烧热，放入高汤、香干丝和适量盐、白糖、酱油，用小火慢慢翻炒5分钟，使香干丝完全吸收汤的味道。

3.放入韭菜段，加少许味精，继续炒半分钟，淋入少许香油即可。

清炖鸡参汤

材料 水发海参150克，童子鸡200克，火腿片10克，水发香菇、笋片各20克，葱段、姜片各5克。

调料 盐2茶匙，料酒1汤匙，高汤适量。

做法

1.海参洗净，下开水锅汆烫一下取出；童子鸡一起下开水锅汆烫一下取出；香菇去蒂切块。

2.海参、童子鸡放汤锅内，加入笋片、香菇块、火腿片，加料酒、盐、葱段、姜片、高汤，加盖，炖烂取出，捞去葱、姜即可。

浓香茄子煲

材料 长茄400克，猪肉馅60克，笋丝、胡萝卜丝、木耳丝各少许。

调料 甜面酱1汤匙，韩式蒜蓉辣酱2汤匙，蚝油1汤匙，料酒2茶匙，白胡椒粉、白糖、香油各1茶匙，淀粉、葱末、姜末、蒜末各适量，生抽、老抽各1汤匙，高汤2碗。

做法

1. 茄子洗净，切成粗长条，放入少量淀粉拌匀，入油锅用大火炸至金黄色，捞出沥油备用。

2. 锅留少许油，小火将肉馅炒至发白，盛出备用；炒锅放少许油，加热到七成热，放入蒜末煸炒出香味，然后加入葱末、姜末和甜面酱、韩式蒜蓉辣酱继续煸炒，加入炒好的肉馅，然后放入笋丝、胡萝卜丝和木耳丝，煸炒。

3. 把2中做好的材料放入炸好的茄子条，调入生抽、老抽、料酒、蚝油、白糖和高汤大火烧至茄条入味且全熟时，调入白胡椒粉，随后用水淀粉勾薄芡，淋入香油。

4. 盛进事先烧烫的小砂锅（煲仔）内，加砂锅盖，小火焖5分钟，趁热上桌即可食用。

33～36周三餐食谱推荐 ②

早餐组合：时蔬三文鱼沙拉+蛋黄吐司+牛奶

时蔬三文鱼沙拉

材料　三文鱼150克，菠菜5根，豆腐干4块，彩椒半个，核桃、洋葱各10克，生姜、杏干、杏仁片各5克。

调料　盐、酱油各5克，镇江醋1汤匙，蜂蜜5克，香油3克。

做法

1.菠菜洗净后用开水焯烫半分钟盛出，在冷水中浸泡一会儿，捞出沥干切段；生姜一半切末，一半切丝。

2.三文鱼切条，用盐、姜末和镇江醋腌制3分钟。

3.将所有的原料倒入大碗中，加入盐、酱油、蜂蜜、香油和姜丝拌匀装盘，撒上少许杏干、杏仁片和核桃即可。

蛋黄吐司

材料　高筋粉250克，蛋黄3个。

调料　细砂糖30克，盐2克，牛奶100克，酵母3克，无盐黄油25克。

做法

1.牛奶中加20克高筋面粉，加热到65℃，离火放凉。

2.所有材料加入面包机，揉至完全，冷藏发酵24小时。室温回温30分钟；翻面回温30分钟；排气、滚圆、松弛20分钟。

3.按扁、擀成长方形，宽度与吐司盒长度相等；卷起，收好口放入吐司盒进行两次发酵至九分满。表面刷蛋液，180℃烤30分钟。

午餐组合：
米饭+糖醋黄瓜片+山药炖猪蹄+炝拌白菜+淡菜薏仁墨鱼汤

糖醋黄瓜片

材料 黄瓜300克。

调料 盐3克，白糖5克，白醋10克。

做法

1. 先将黄瓜洗净，切成薄片，用部分盐腌渍30分钟。

2. 用冷开水洗去黄瓜的部分咸味，水控干后，加盐、白糖、白醋腌1小时即可。

> 贴心提示
>
> 黄瓜中的纤维素能促进肠内腐败食物排泄，丙醇、乙醇和丙醇二酸能抑制糖类物质转化为脂肪，此外黄瓜有利尿的功效，对除湿、镇痛也有明显的效果。

山药炖猪蹄

材料 山药100克，猪蹄250克。

调料 盐2克。

做法

1. 将山药洗净，去皮切块；猪蹄洗净，切块，入沸水中焯一下，捞出。

2. 将山药块、猪蹄块放入砂锅中，加盐及适量水，中火炖至猪蹄烂熟即成。

> 贴心提示
>
> 猪蹄中含有较多的蛋白质、脂肪，可加速新陈代谢，延缓机体衰老，另外还具有通乳脉、滑肌肤、去寒热、托痈疽、发疮毒、抗老防癌之功效。

炝拌白菜

材料 大白菜头200克，葱10克，香菜5克。

调料 生抽、糖、醋、花椒各1茶匙，盐、香油各1/2茶匙。

做法

1. 取大白菜头，手撕成小块；入开水中焯至白菜全部变色变软捞出沥干水分。

2. 迅速过凉开水，然后攥干备用；加入盐、生抽、糖、香醋、香油拌匀；撒上葱花、香菜。

3. 用小火炸香花椒，趁热浇在拌好的白菜上。

淡菜薏仁墨鱼汤

材料 淡菜60克，干墨鱼50克，薏仁30克，枸杞子15克，猪瘦肉100克。

调料 盐3克。

做法

1. 将干墨鱼浸软，洗净，切成4～5段。

2. 淡菜浸软后，洗净；猪瘦肉亦洗净切块。

3. 把三者一齐入砂锅，加薏仁、枸杞子、清水适量，大火煮沸后，文火煮2小时，最后加盐调味即可。

晚餐组合：虾仁馄饨+莴笋肉片+烧二冬+鸭肉烩白菜

虾仁馄饨

材料 馄饨皮300克，猪肉200克，虾仁100克，高汤适量。

调料 葱末、姜末、盐各5克，生抽、香油各1匙。

做法

1. 猪肉切小丁，剁碎，加葱末、姜末、盐、生抽、香油搅拌成馅。

2. 馄饨皮加入肉馅，放入虾仁（一个馄饨放一个虾仁），包成馄饨。

3. 锅内放适量水（最好用鸡汤或者高汤），水开后放入馄饨，盖上锅盖，开锅后转小火煮5～10分钟，看到馄饨浮起来就将其盛入加热的高汤中。

莴笋肉片

材料 猪肉100克，莴笋200克，胡萝卜25克，姜片、辣椒、葱花各5克。

调料 酱油、盐各2茶匙，料酒1汤匙，香油1茶匙。

做法

1. 莴笋、胡萝卜分别洗净，去皮切片；猪肉切片；莴笋用盐腌2分钟，腌好后冲洗干净，沥干。

2. 锅中油热，爆香姜片、辣椒、葱花，倒入肉片大火煸炒发白，加入盐，再烹入料酒、酱油炒匀。

3. 倒入莴笋片和切好的胡萝卜片，大火翻炒3分钟，淋入香油即可。

烧二冬

材料 冬菇150克，冬笋200克，高汤100克，姜片5克。

调料 盐1茶匙，酱油适量，料酒5克，水淀粉1汤匙，香油少许，味精1克。

做法

1.冬菇在温水中泡软，去蒂，洗净，切成两半；冬笋去壳，削去老根，切成滚刀块氽烫、过凉。

2.炒锅倒油烧热，下冬笋块炸透，捞出控油。

3.锅内留少许底油，下姜片爆香，加入冬菇翻炒，随即加冬笋块、盐、酱油、料酒及高汤，小火炖至入味，待汤汁将干时，加味精，用水淀粉勾芡，淋入香油，翻炒均匀即可装盘。

鸭肉烩白菜

材料 鸭肉100克，白菜200克，姜片5克。

调料 盐3克，料酒2汤匙，花椒1茶匙。

做法

1.将鸭肉洗净，切成块；锅内放水煮沸，放入鸭块，煮沸后撇去浮沫，放料酒、姜片及花椒，用文火炖熟。

2.将白菜洗净，切成段；待鸭块煮至八成熟时下入白菜，一起煮开后再煮几分钟，用盐调味即可。

早餐组合：泡菜饼+果珍脆藕+牛奶

泡菜饼

材料 韩式泡菜400克，鸡蛋120克，中筋面粉100克，培根2条，香菜、小葱各50克，蒜2瓣，清水适量。

做法

1. 培根、辣白菜、香菜、小葱全部切成小丁混合备用，大蒜切成末放在一起备用。

2. 在盆中筛入面粉，慢慢加入清水，顺着一个方向搅拌至糊状；再加入鸡蛋，继续搅拌均匀。

3. 平底锅烧热，放入少许底油。舀一勺面糊放入锅中晃动锅至面饼摊薄，把面饼摊至两面金黄即可盛出食用。

果珍脆藕

材料 莲藕400克，水200毫升，冰水500毫升。

调料 果珍、白糖各50克。

做法

1. 将果珍、白糖加入200毫升水中，在锅中煮开，倒出放凉；把藕洗净去皮，切成3毫米左右的薄片。

2. 锅中加入适量水煮沸，倒入藕片焯2分钟左右；焯好的藕片盛出浸入冰水中，并迅速捞出。

3. 取一密封盒，倒入放凉的果珍糖水，把藕片沥干水分装入盒内；盖严盒盖，放入冰箱冷藏几小时后食用。

午餐组合：清蒸大虾+紫菜萝卜汤+地三鲜+核桃仁炒韭菜

清蒸大虾

材料 大虾300克。

调料 香油、料酒、酱油、味精、醋、高汤、葱、姜、花椒各适量。

做法

1.将大虾洗净，剪去须和头，剔除沙线。

2.葱切段；姜一半切片，一半切末。

3.将大虾摆入盘内，加入料酒、味精、葱段、姜片、花椒和高汤，上笼蒸10分钟左右，取出。拣去葱段、姜片、花椒装盘，用醋、酱油、姜末和香油调成汁，供蘸食。

贴心提示

大虾可补肾壮阳，益脾胃，色泽鲜艳，清鲜可口，是怀孕后期妇女的理想菜肴。

紫菜萝卜汤

材料 白萝卜250克，紫菜干15克。

调料 高汤适量，陈皮、酱油、香油各5克，盐3克，味精少许。

做法

1.将白萝卜洗净，切成3厘米长的细丝；紫菜撕碎；陈皮剪碎。

2.萝卜、紫菜、陈皮一同放入汤锅中，加水适量倒入高汤，煎煮10分钟，出锅前酌加盐、酱油、味精、香油即成。

贴心提示

白萝卜消食化痰，下气宽中；紫菜化痰软坚，清利湿热；陈皮和胃燥湿，理气化痰；诸物合用，共奏行气散结之效。

地三鲜

材料 土豆250克，茄子250克，柿子椒100克，香葱2根，大蒜2瓣。

调料 醋、酱油、水淀粉、白糖、鸡精各适量。

做法

1. 土豆去皮切成滚刀块；茄子留皮切滚刀块；柿子椒掰成块；葱切末；蒜切末。

2. 用醋、酱油、水淀粉、鸡精、白糖调成芡汁。

3. 锅烧热，把土豆块炸至金黄捞出；再略炸一下茄子块和柿子椒块。

4. 另起锅，放少许油，煸香葱末，放入茄子块、土豆块、柿子椒块翻炒均匀，加少许盐；倒入芡汁勾芡，撒入蒜末和葱末，翻炒均匀即可出锅。

核桃仁炒韭菜

材料 韭菜250克，核桃仁50克。

调料 盐3克。

做法

1. 核桃仁提前泡水15分钟，捞出后沥干备用；韭菜洗净，切段。

2. 锅中放油，放入核桃仁煸炒，上色后盛出备用。

3. 锅里留底油，放入韭菜段翻炒，放入核桃仁，加盐炒匀即可。

晚餐组合：米饭+里脊炒芦笋+西红柿疙瘩汤+蒜蓉菜心+泡椒凤爪

里脊炒芦笋

材料 嫩里脊肉150克，芦笋200克。

调料 大蒜4瓣，盐少许，胡椒粉1/2汤匙，生抽、淀粉各1茶匙。

做法

1. 将嫩里脊肉切成细条状，放入生抽、胡椒粉、淀粉腌10分钟；芦笋洗净，切段；大蒜切片。

2. 炒锅烧热，加入少许油，爆香蒜片，放入里脊肉条炒至变色。

3. 放入芦笋段拌炒均匀，加入盐和余下的胡椒粉炒熟后盛盘，将淀粉加水勾芡淋上即可。

西红柿疙瘩汤

材料 面粉100克，西红柿250克，胡萝卜1根。

调料 姜末5克，盐适量。

做法

1. 胡萝卜洗净，去皮，切细丝；西红柿洗净，用开水烫，剥去皮，切小块。

2. 炒锅放入油烧至八成热，煸香姜末，放入西红柿块炒出红油，再放入胡萝卜丝炒透，加入一大碗水，大火烧沸。

3. 将盛有面粉的碗放在水龙头下，放最小的水滴在上面，用筷子搅拌形成小颗粒，轻轻地把小面粒拨到锅里，煮熟加盐调味即可。

蒜蓉菜心

材料 菜心300克，大蒜30克。

调料 盐、糖各1茶匙，胡椒粉1/2茶匙。

做法

1. 菜心洗净，控干水分；大蒜剁成蓉。

2. 锅中烧油，炒香蒜蓉，将菜心下锅，炒至菜心变软，加盐、糖、胡椒粉翻炒均匀，即可出锅。

泡椒凤爪

材料 鸡爪300克，泡椒1罐，姜片10克。

调料 盐2茶匙，白醋100毫升，花椒1汤匙。

做法

1. 鸡爪洗净、去掉爪尖，切成小块；锅中加水，放入切好的姜片以及凤爪，加盐，大火煮10分钟。

2. 把煮好的鸡爪用冷水不断地冲，捞出备用；泡椒取出，切碎。

3. 容器中放入花椒，倒入热水，放凉后倒入泡椒、白醋，放入鸡爪浸泡24时以上。

33～36周三餐食谱推荐 4

早餐组合：蒜香烤面包+西芹腰果

蒜香烤面包

材料 法棍约250克，大蒜4瓣。

调料 法香50克，黄油10克，盐1克。

做法

1.黄油提前从冰箱中拿出，室温软化后备用（不要加热成液体）；将法棍斜切成3厘米厚的斜片；将法香洗净切碎；大蒜用压蒜器压成泥，或用刀切成碎末。

2.将蒜泥、法香末和黄油混合在一起，放入盐搅拌均匀，抹在面包片上。烤盘铺上锡纸，将面包片放入。

3.烤箱预热后，将烤盘放在烤箱的中层，180℃烘烤6分钟即可。

西芹腰果

材料 鸡胸肉50克，生腰果150克，西芹200克。

调料 水淀粉2汤匙，生抽、料酒各1茶匙，姜丝、蒜片、泡椒各5克，盐、葱花各2克。

做法

1.鸡胸肉切丁，用水淀粉、生抽、料酒抓匀腌一会儿，入油锅滑至六成熟捞出沥油。

2.锅放少许油，烧至八成热，将生腰果放入，转中火，炸至金黄捞出沥干油分。

3.西芹洗净、切丁；锅中留底油，爆香姜丝、蒜片、泡椒炒香，下鸡丁、芹菜丁、盐翻炒，加入腰果，调入料酒，撒葱花拌匀即可。

午餐组合：冬瓜丸子汤+萝卜干炖带鱼

冬瓜丸子汤

材料 猪肉馅150克，冬瓜200克，鸡蛋1个。

调料 料酒1匙，姜末3克，姜2片，鸡精、盐各10克，香菜3克，香油1匙。

做法

1.冬瓜削去皮，切成厚0.5厘米的薄片。

2.肉馅放入大碗中，加入蛋清、姜末、料酒、盐，搅拌均匀。

3.汤锅加水烧开，放入姜片，调为小火，把肉末挤成大小均匀的肉丸子，随挤随放入锅中，待肉丸变色发紧时，用汤勺轻轻推动，使之不粘连。

4.丸子全部挤好后开大火将汤烧滚，放入冬瓜片煮5分钟，调入盐、鸡精，最后滴入香油即可起锅。

萝卜干炖带鱼

材料 带鱼300克，腌萝卜干150克，鸡蛋2个，葱段、姜片、蒜片各5克。

调料 花椒5粒，大料2瓣，酱油、醋、料酒各15克，盐3克，白糖、干淀粉各10克。

做法

1.带鱼处理干净后切成长约6厘米的段，放入由鸡蛋和干淀粉调成的蛋糊中挂浆；萝卜干切成小段。

2.炒锅置火上，倒入油烧热，将带鱼段放入两面稍煎一下，盛出。

3.锅中留底油，先下入花椒、大料爆香，然后下葱段、姜片、蒜片、萝卜干翻炒片刻，加入酱油、白糖、料酒、盐、醋及少量清水，烧开后放入带鱼，焖至汤汁将干时，翻拌均匀即可装盘。

晚餐组合：家常饼+紫色洋葱炒肉+千岛苦瓜+鲜虾芦笋沙拉

紫色洋葱炒肉

材料 五花肉300克，紫色洋葱50克。

调料 盐1茶匙，豆瓣酱1汤匙。

做法

1. 五花肉切成片；紫色洋葱切成块。

2. 锅中油烧热，放入五花肉片，煸炒3分钟，放入豆瓣酱翻炒均匀。

3. 加入洋葱块，煸炒3分钟，加盐出锅即可。

千岛苦瓜

材料 苦瓜500克。

调料 千岛酱4汤匙。

做法

1. 苦瓜对半剖开，去籽，去白膜，洗净，切长块，入开水锅中余烫约30秒钟后捞出，浸入冰开水中泡凉，取出沥干水分，排盘。

2. 千岛酱淋在苦瓜上，拌匀即可。

鲜虾芦笋沙拉

材料 虾仁300克，芦笋100克。

调料 生抽、盐各2茶匙，香油1茶匙。

做法

1. 虾仁洗净，放沸水中烫熟；芦笋洗净，入沸水中（水里加一点盐）余烫后过水，沥干切段。

2. 将虾仁、芦笋段放入容器中，调入生抽、香油、盐拌匀即可。

孕十月

临产饮食不可忽略

第37周 均衡饮食，控制食欲

这个阶段，准妈妈会感到牙齿发酸、发软，不敢咬硬东西，这是因为胎宝宝吸收了母体大量的钙和磷，导致母体缺钙所致。因此，本月的准妈妈一定要注意补充钙和磷。

孕晚期，准妈妈更要注重调整饮食结构，保证各类营养的均衡摄取。而且，由于胎宝宝在孕晚期体重增长非常快，如果在这阶段不能保证营养均衡，会使胎宝宝无法得到充足的营养，进而也会影响到宝宝的顺利出生。

由于胃部得到了"解放"，准妈妈食欲大为好转，一不留神就会大量进食，这会使得胎宝宝长得过大，分娩时易发生困难。因此，准妈妈在饮食上应该适当控制甜食的摄取。

香煎火腿芦笋卷

材料 意式风干火腿约500克，芦笋约400克。

调料 盐、黑胡椒粉各3克，料酒、奶酪粉各5克。

做法

1. 锅中倒入水，加入盐，大火加热至水沸腾后，将芦笋焯烫10秒钟捞出，马上放入冰水中浸泡，彻底凉透后，捞出沥干。

2. 将意式火腿平铺在案板上，取三根芦笋放在火腿的1/5处，向上卷起成卷。

3. 锅中倒入少许橄榄油，待油七成热时，放入火腿芦笋卷，改成中火煎1分钟，撒入黑胡椒粉，烹入料酒，再翻个面煎1分钟即可。食用前撒上奶酪粉即可。

第38周　用美食化解产前的不安

　　马上就要分娩了，孕妈妈大多会出现焦虑不安的现象，孕妈妈的不安是在不良情绪的基础上发展起来的，主要对产痛、难产、胎宝宝畸形有一种固执的担心和害怕，也有对家庭中的事情或生男生女忧心忡忡。焦虑使孕妈妈坐立不安，使消化和睡眠受到影响。

　　孕妈妈如果出现了焦虑不安的现象，可以在日常饮食中注意多吃一些水果，比如葡萄。葡萄有健脑、强心、开胃、增加气力的功效，孕妈妈食用可以有效化解不安和焦虑。

　　另外，家人为孕妈妈准备日常饭菜时，可以考虑适当多使用银耳、芝麻、莲子、糯米、小麦、百合、鹌鹑等作为食材，这些食物也具有化解不安的功效。

银耳鹌鹑蛋

材料　银耳20克，鹌鹑蛋250克。

调料　冰糖15克。

做法

　　1.将银耳泡发去蒂，洗净放入碗内加清水，上屉蒸10分钟；将鹌鹑蛋煮熟，捞出后过凉水，剥去外壳。

　　2.锅烧热，加清水、冰糖烧开，待冰糖溶化后放入银耳、鹌鹑蛋，煮沸后撇去浮沫即可。

第39周 吃饱吃好，迎接分娩

分娩是一项重体力活，产妇的身体、精神都经受着巨大的能量消耗。其实，分娩前期的饮食很重要，饮食安排得当，除了补充身体的需要外，还能增加产力，促进产程的发展，帮助产妇顺利分娩。

在第一产程中，由于时间比较长，产妇睡眠、休息、饮食都会由于阵痛而受到影响，为了确保有足够的精力完成分娩，

产妇应尽量进食。食物以半流质或软烂的食物为主，如鸡蛋面条、蛋糕、面包、粥等。快进入第二产程时，由于子宫收缩频繁，疼痛加剧，消耗增加，此时产妇应尽量在宫缩间歇摄入一些果汁、藕粉、红糖水等流质食物，以补充体力，帮助胎儿的娩出。

排骨汤面

材料 猪排骨200克，细面条150克，青菜100克。

调料 盐2克，醋5克。

做法

1.猪排骨斩成小块，放入冷水锅中大火煮沸，加一点儿醋后继续煮半小时，关火，捞出排骨留汤。

2.将青菜洗净，切成小段；细面条下入排骨汤中，开大火煮至沸腾时，加入青菜段，边搅拌边煮，5分钟后，加盐调味即可。

第40周 产前宜吃巧克力

据测定，每100克巧克力中含有碳水化合物50克左右，脂肪30克左右，蛋白质15克以上，还含有较多的锌、维生素B_2、铁和钙等，它被消化吸收和利用的速度是鸡蛋的5倍、脂肪的3倍。

巧克力不仅体积小、香甜可口，吃起来也很方便，且含有大量的优质碳水化合物，能在很短时间内被人体消化吸收和利用，产生出大量的热能，供人体消耗。所以，产妇只要在临产前吃一两块巧克力，就能在分娩过程中产生更多能量。

牛奶面包糊

材料 鲜牛奶300毫升，面包片2片。

做法

1.牛奶放入锅中；面包片去边放入牛奶中。

2.牛奶煮开后熄火，用勺子将面包搅碎即可。

> 贴心提示
>
> 多数产妇在第二产程不愿进食，可适当喝点果汁或菜汤，以补充因出汗而丧失的水分。由于第二产程需要产妇不断用力，应进食高能量、易消化的食物，如牛奶、糖粥、巧克力等。如果实在无法进食，也可通过输入葡萄糖、维生素来补充能量。

37~40周三餐食谱推荐 ①

早餐组合：麻酱饼+葡萄糯米粥+小葱拌豆腐

麻酱饼

材料 面粉500克。

调料 盐2茶匙，麻酱2汤匙，发酵粉5克，糖1茶匙。

做法

1.面粉中加入盐、发酵粉，混合均匀。加入温开水，将面粉揉成面团。覆盖饧几分钟。芝麻酱加入糖用水稍微泄开。

2.饧好的面分成团儿。用擀面杖把面团擀成均匀的长方形面片，在面片上均匀地涂上芝麻酱。将面片小心地卷起来，卷成长条，将卷好的面条盘起来压成面饼，用擀面杖擀薄。

3.平底锅里刷上一层油烧热放入擀好的饼，同时调小火慢慢烙，一边烙好之后再翻面烙另一面。

葡萄糯米粥

材料 葡萄干30克，糯米50克。

调料 白糖15克。

做法

1.将葡萄干拣去杂质，用清水略泡，冲洗干净，备用。

2.将糯米淘洗干净，直接放入干净的煮锅内，加入葡萄干和适量清水，置于火上，锅加盖儿，先用旺火煮沸，后改用文火煮成粥，以白糖调味即可。

小葱拌豆腐

材料 豆腐200克，小香葱2根。

调料 香油2滴，盐1茶匙。

做法

1.豆腐洗净，入沸水中汆烫，捞出沥干放凉；香葱洗净切碎，撒在豆腐上。

2.用筷子将豆腐搅碎，加入盐、香油，拌匀即可。

鱼香藕盒

材料 嫩藕300克，猪肉末100克，葱末、姜末、蒜末各5克，泡辣椒10克，鸡蛋1个。

调料 酱油、料酒、白糖、醋各1汤匙，盐3克，淀粉、水淀粉各1汤匙。

做法

1.将藕洗净削去外皮，切成0.5厘米的连刀片（即每片底部相连）。肉末加入盐、料酒拌匀，依次填入藕盒中。

2.将鸡蛋、淀粉调成蛋糊，将藕盒蘸匀蛋糊，炸至金黄，放入盘中。

3.将白糖、醋、酱油、料酒、盐、水淀粉放入碗中，调成汁。

4.锅中留底油烧至四成热，将泡椒、葱末、姜末、蒜末一同入锅煸炒，待出香味后烹入调味汁收缩，浇在藕盒上即可。

白萝卜枸杞排骨汤

材料 白萝卜50克，排骨100克，枸杞子5粒。

调料 盐3克，姜片5克。

做法

1.排骨、姜片放入冷水中煮沸，捞出备用。

2.排骨一次加足清水，加入切好的白萝卜块，旺火煮到滚；转文火继续煲40分钟。

3.排骨软烂时，加入枸杞子，旺火煮5分钟；最后加盐调味就可以了。

蘑菇面条

材料 鲜蘑菇50克，肉末30克，番茄1个，面条100克。

调料 盐1茶匙，料酒1茶匙，香葱末1茶匙。

做法

1.蘑菇洗净后撕成碎片；番茄洗净切碎；面条用热水焯一下沥干。

2.油锅烧热下入香葱末略炒，再加入番茄碎炒出汁后，加入肉末倒进料酒，炒匀成番茄肉酱。

3.锅内再加入少许油，烧热后下入蘑菇炒热，倒入面条炒5分钟左右，盛入盘内，拌入番茄肉酱搅拌均匀，加盐调味即可。

百合黄花炖豆腐

材料 豆腐200克，番茄50克，鲜百合、青椒各30克，黄花菜15克，葱花5克。

调料 高汤150克，盐1茶匙，味精1克，水淀粉1汤匙，香油1滴。

做法

1.百合洗净；青椒去蒂，去籽，切块；黄花菜用温水泡开，去杂洗净，切成寸段；豆腐切成2.5厘米见方的块；番茄用沸水烫过后剥去外皮，切成块。

2.锅置火上，放油烧热，放入葱花煸出香味，依次放入黄花菜段、青椒块、豆腐块、百合，翻炒几下。

3.再放入番茄块，加高汤、盐、味精，烩煮至熟，用水淀粉勾芡，淋上香油即可。

黄豆肉丁

 材料 瘦肉200克，黄豆150克。

调料 盐、味精、葱末、姜末各2克，酱油、花生油各1茶匙，肉汤1汤匙。

做法

1.将猪肉洗净，切丁；黄豆去杂洗净，下锅煮熟。

2.炒勺放花生油上火烧热，放入葱末、姜末炝勺，放肉丁炒至变白，放入黄豆、酱油、盐，注入肉汤，烧沸后撇去浮沫，烧至肉熟、黄豆入味，点入味精出勺装盘即可。

糖醋胡萝卜

 材料 胡萝卜250克。

调料 白糖25克，米醋15克，盐、香油各2克。

做法

1.将胡萝卜去根、叶，洗净，用刀刮去皮，切成6厘米长的细丝。将胡萝卜丝放小盆内，撒上盐拌匀。

2.把盐渍的萝卜丝用清水洗净，沥净水，放入盆内，加入白糖、醋、香油拌匀后放入盘内即可。

37～40周三餐食谱推荐 2

早餐组合:蔬菜沙拉卷+松仁核桃香粥

蔬菜沙拉卷

材料 生菜2大片,黄豆芽100克,胡萝卜1根,虾仁2个,四季豆1根,紫菜、小麦片各适量。

调料 沙拉酱适量。

做法

1.将生菜叶、黄豆芽、四季豆、胡萝卜洗净;将四季豆切段,胡萝卜切块,并用开水氽烫熟;黄豆芽、紫菜、虾仁分别用开水氽烫熟。

2.将生菜叶抹上沙拉酱,包入烫熟的四季豆段、胡萝卜块及黄豆芽菜。

3.夹入烫熟的虾仁,并用紫菜绑住尾端,撒上小麦片即可。

松仁核桃香粥

材料 紫米100克,松仁25克,核桃仁50克。

调料 冰糖适量。

做法

1.核桃仁洗净掰碎,大小与松仁相仿;紫米淘洗干净,用水浸泡3小时。

2.锅置火上,放入清水与紫米,大火煮沸后,改小火煮至粥稠,加入核桃仁碎、松仁与冰糖,小火熬煮20分钟至材料熟,冰糖溶化即可。

午餐组合：枣菇炖鸡+葱烧海参+私房浇汁豆腐+鱼香茄子盖浇饭

枣菇炖鸡

材料 鸡1000克。

调料 香菇（鲜）50克，红枣（干）20克，料酒20克，盐5克。

做法

1. 将鸡洗净，斩去头、脚，以温水冲洗干净。

2. 将盐、料酒擦遍鸡表里，晾干。

3. 锅内加水，上火煮沸，投入鸡，加香菇、红枣同煮，一小时后翻身，加入盐调好口味，加盖，以小火焖半小时即成。

✓ 贴心提示

香菇营养丰富，多吃能强身健体、增加对疾病的抵抗能力，鸡肉的肉质细嫩，滋味鲜美，并富有营养，有滋补养身的作用。

葱烧海参

材料 海参500克，葱白段200克。

调料 酱油、料酒各1汤匙，胡椒粉、盐、糖各1/2茶匙，水淀粉、香油各1茶匙。

做法

1. 海参取出肠泥，洗净，切块，放入滚水中，加入酱油、料酒、盐和胡椒粉，煮约5分钟捞出。

2. 锅内放入2茶匙花生油，放入葱白，爆香呈黄色，加入海参、糖和料酒翻炒，淋上水淀粉勾芡，加入香油即可。

私房浇汁豆腐

材料　豆腐200克，胡萝卜、洋葱、青椒、香菇、火腿各25克。

调料　番茄酱、蚝油各1汤匙，黑胡椒10克，盐、香油各1茶匙。

做法

1.香菇泡软，和火腿、洋葱、青椒、胡萝卜都切丁；豆腐用开水烫一下，切块，放入油锅煎至两面金黄。

2.锅中留底油，放入番茄酱和蚝油用小火炒一下，放入洋葱丁、香菇丁、火腿丁、胡萝卜丁、青椒丁炒散。

3.锅中加一点水，放入黑胡椒、盐，煮沸后放入豆腐块，大火煮开，小火焖到豆腐入味即可。

鱼香茄子盖浇饭

材料　热米饭250克，猪肉末100克，长条茄子200克，葱末、蒜末、姜末各3克。

调料　盐1克，酱油、豆瓣酱、糖各5克。

做法

1.茄子去蒂洗净，切成条备用。

2.油锅烧热，放入茄子条炸软，捞出沥油，备用。

3.锅内留适量油，烧热后放肉末炒香，加葱末、姜末、蒜末、酱油、豆瓣酱、糖煸炒，再放入炸好的茄子条和适量水炒匀、炒透，最后放盐调味，盛出浇在米饭上即可。

晚餐组合：
米饭+豉汁蒸鳕鱼+酱烧小土豆+猪蹄炖丝瓜豆腐+素烧娃娃菜

豉汁蒸鳕鱼

材料 鳕鱼300克，豆豉1汤匙。

调料 盐2克，料酒1茶匙。

做法

1. 鳕鱼自然解冻后，清洗干净，用盐、料酒腌2小时。

2. 平底锅烧热，加少许油，炒香豆豉，盛出备用。

3. 将腌制好的鳕鱼放在盘子里，把炒好的豆豉盖在鳕鱼上面，放入锅内，用大火蒸10分钟，熄火后再焖5分钟即可。

酱烧小土豆

材料 小土豆300克，蒜苗100克，蒜2瓣。

调料 黄豆酱1汤匙，盐、冰糖各2茶匙，老抽1茶匙。

做法

1. 土豆洗净切块；蒜苗切小段；蒜切末。

2. 锅里下油爆香蒜末，下黄豆酱、冰糖、老抽炒匀，加水烧开，倒入土豆，小火慢烧。

3. 要不时晃动锅，使土豆块上裹满汤汁，大火收汁，下蒜苗段和盐，炒匀出锅。

猪蹄炖丝瓜豆腐

材料 丝瓜250克，香菇30克，猪蹄1只，豆腐100克，姜丝10克。

调料 盐1茶匙，料酒2茶匙。

做法

1. 猪蹄刮洗干净，切块。丝瓜去皮，洗净，切滚刀块。豆腐切小块。香菇用水发好，切小块。

2. 猪蹄氽烫去血水，洗净，放入沙锅中，加入适量水，放入姜丝、料酒大火煮沸，再用小火煮50分钟。

3. 猪蹄软烂后放入香菇、豆腐煮10分钟，最后放入丝瓜大火煮5分钟，加盐即可。

素烧娃娃菜

材料 娃娃菜250克，葱丝、姜丝各5克。

调料 香油1汤匙，豉油1茶匙，盐1/2茶匙。

做法

1. 将娃娃菜改刀，从根部向叶部纵切成每棵6条（根部相连）。

2. 锅上火，加入清水，加娃娃菜，用盐调味。

3. 将娃娃菜煮至刚熟，立即捞出装盘，撒上葱丝、姜丝，倒入豉油。

4. 锅内倒香油烧至六成热，关火，将油浇在菜上即成。

37～40周三餐食谱推荐 ③

早餐组合：三鲜豆腐脑+玉米煎饼+海米炒蛋

三鲜豆腐脑

材料 黄豆150克，黄花菜、木耳各20克，鲜香菇2朵，虾仁100克，姜末少许。

调料 内酯少许，老抽1汤匙，生抽、香油各1茶匙，水淀粉适量。

做法

1. 黄豆洗净，用清水浸泡4小时以上；将泡好的黄豆倒入豆浆机中，倒入1000毫升的水，煮好豆浆；内酯用少许凉水融化。

2. 豆浆滤掉豆渣，放凉至80～90℃，倒入内酯水，盖上盖静置20分钟即可。

3. 黄花菜用清水泡软切小段；木耳用温水泡软摘去根部、洗净、撕小朵；鲜香菇洗净，入沸水中氽烫后捞出，切片。

4. 锅中放少许油，放入姜末、虾仁炒至变色，放入黄花菜段、木耳、香菇片翻炒片刻，倒入生抽调味、老抽调色，倒入适量清水煮沸，最后加水淀粉勾芡，淋入香油。

5. 豆腐脑盛入碗中，倒入炒好的卤汁即可。

玉米煎饼

材料 熟玉米250克,鸡蛋180克,面粉40克,熟毛豆50克。

调料 糖或盐适量。

做法

1.玉米取粒;毛豆取粒备用;50毫升水里加面粉搅拌均匀。

2.鸡蛋打入面粉中拌匀,加入毛豆和玉米粒,加适量糖或盐拌匀。

3.锅里加少许油,倒入蛋液一面凝固后翻面,继续煎至凝固即可,卷起或切块食用。

海米炒蛋

材料 水发海米30克,鸡蛋2个,葱花10克,熟猪油适量。

调料 料酒10毫升,盐3克。

做法

1.鸡蛋打入碗中,加入料酒、盐、葱花,打匀后放入海米,搅拌均匀。

2.炒锅烧热,放入油,烧至五成热,将鸡蛋液倒入锅中,不停地翻炒,待鸡蛋七成熟时,再从锅边淋入熟猪油,将鸡蛋翻炒一会儿即可。

搁锅面

材料 面粉300克，五花肉50克，土豆半个，香菇2朵，番茄1/4个，葱花、黄花菜、姜丝各5克，菠菜50克。

调料 盐、花椒粉各1茶匙，酱油2滴。

做法

1. 土豆去皮切成小指粗的长条，泡水；五花肉切成薄片；黄花菜泡水洗净；香菇洗净，掰成块；番茄洗净切块；菠菜洗净氽烫，过凉水，切成段。

2. 起油锅，大火加热至五成热时加入葱花姜丝爆香，放入五花肉片，转为中火，翻炒至肉变色，加入番茄块继续翻炒，加入控去水分的土豆条，加入酱油、花椒粉，翻炒至土豆条的边缘发黄时，加入500毫升水。

3. 大火烧开，加入香菇与黄花菜，撒入盐，盖上锅盖，转为小火慢煮。

4. 在土豆条将熟时开大火，下入面条，煮面条的过程中，不断用筷子轻轻拨弄。

5. 面条煮熟时，加入菠菜段，水开出锅，连汤带面进食即可。

酱爆鸡丁

材料　鸡胸肉250克，黄瓜250克，胡萝卜半个，葱末、姜末、蒜末各10克。

调料　料酒、淀粉、黄豆酱、甜面酱各1汤匙，盐、糖、香油、鸡精各1茶匙。

做法

1.鸡胸肉洗净切小丁，加入糖、料酒、淀粉，腌拌片刻；黄瓜和胡萝卜洗净切丁；胡萝卜丁用沸水氽烫过凉备用。

2.炒锅油烧热爆香葱末、姜末、蒜末，放入鸡丁翻炒变色盛出。

3.锅中加入黄豆酱、甜面酱、糖翻炒出香味。

4.倒入黄瓜丁和胡萝卜丁翻炒均匀，再把鸡丁倒入，加入少许盐翻炒，淋入香油，炒均匀关火即可。

香菇油菜

材料　小油菜250克，香菇200克。

调料　盐3克，酱油、白糖各5克，水淀粉适量，味精少许。

做法

1.小油菜择洗干净，控水备用；香菇用温水泡发，去蒂，挤干水分，切块备用。

2.炒锅倒入油烧热，放入小油菜，加一点儿盐，炒熟后盛出。

3.炒锅再次放入油烧至五成热，放入香菇，加盐、酱油、白糖翻炒至熟，闻到香菇特有的香气后，加入水淀粉勾芡，再放入味精调味，最后放入炒过的油菜翻炒匀即可。

晚餐组合：米饭+红烧海参+香干芹菜+乌鸡枸杞汤

红烧海参

材料 发好海参300克，瘦肉150克，白菜100克。

调料 姜2片，葱段5克，生抽、淀粉各半茶匙，油适量，高汤1杯。

煨海参料 盐、糖各半茶匙，生抽、料酒各1茶匙，高汤1杯。

芡汁料 蚝油、淀粉各1茶匙，麻油、胡椒粉各少许，清水3汤匙。

做法

1.海参放入姜片、葱段，开水内煮5分钟，除去内脏洗净，切件。

2.瘦肉切丝，加入生抽、淀粉、油拌匀，腌制待用。

3.白菜洗净，以油、盐、水焯熟，围于碟边。

4.烧热锅，下油两汤匙，爆香姜片、葱段，加入煨海参料及海参煮至海参软烂，放入瘦肉丝、芡汁料，炒匀即成。

✔ 贴心提示

海参，既是宴席上的佳肴，又是滋补人体的珍品。海参味甘、咸，性温，具有补肾益精、润燥通便的作用，可将海参作为孕期滋补食疗之品。